河道工程
标准化管理

HEDAO GONGCHENG
BIAOZHUNHUA GUANLI

南水北调东线江苏水源有限责任公司 ◎编著

·南京·

图书在版编目(CIP)数据

江苏南水北调河道工程标准化管理 / 南水北调东线江苏水源有限责任公司编著. -- 南京：河海大学出版社，2022.12

ISBN 978-7-5630-7903-2

Ⅰ.①江… Ⅱ.①南… Ⅲ.①南水北调—河道整治—标准化管理—江苏 Ⅳ.①TV85

中国版本图书馆 CIP 数据核字(2022)第 246895 号

书　　名	江苏南水北调河道工程标准化管理
	JIANGSU NANSHUIBEIDIAO HEDAO GONGCHENG BIAOZHUNHUA GUANLI
书　　号	ISBN 978-7-5630-7903-2
责任编辑	彭志诚
特约编辑	王春兰
特约校对	薛艳萍
装帧设计	徐娟娟
出版发行	河海大学出版社
地　　址	南京市西康路 1 号(邮编：210098)
网　　址	http://www.hhup.cm
电　　话	(025)83737852(总编室)
	(025)83722833(营销部)
经　　销	江苏省新华发行集团有限公司
排　　版	南京布克文化发展有限公司
印　　刷	苏州市古得堡数码印刷有限公司
开　　本	787 毫米×1092 毫米　1/16
印　　张	14.25
字　　数	348 千字
版　　次	2022 年 12 月第 1 版
印　　次	2022 年 12 月第 1 次印刷
定　　价	89.00 元

编委会

主　　任	荣迎春	袁连冲			
副 主 任	刘　军	王亦斌			
编　　委	孙　涛	莫兆祥	沈昌荣	王从友	王兆军
	付宏卿	祁　洁	张扣兄	吴松泉	刘厚爱
	李伟鹏				
主　　编	孙　涛	王从友			
副 主 编	莫兆祥	祁　洁	张扣兄	刘厚爱	李伟鹏
编写人员	简　丹	周晨露	纪　恒	周　杨	范明业
	杜鹏程	周　亮	邹　燕	汤乐乐	董立全
	葛洋洲	卞新盛	杨红辉	贾　璐	王怡波
	许朝瑞	辛　欣	刘　菁	黄　静	王姗姗
	游旭晨	陈　齐	许　桃	王　瑶	花培舒
	何欣航	严再丽			

序

水是人类生存之本、文明之源。从大禹治水,通九泽定九州,到春秋邗沟为起,接力开挖我国最长人工大运河;从先秦都江堰,至今润泽川府平原,到现代南水北调,构筑了国家水网主动脉。古今治水人,一路筚路蓝缕,一路守正创新,各式水利工程,星罗棋布散落祖国大地,叙述着治水兴利动人故事,繁衍了生生不息华夏文明。

"南方水多,北方水少,借点水来也是可以的",1962年,毛泽东主席提出了"南水北调"宏伟构想,历经50年勘测、规划和研究,确定东线、中线、西线三条调水线路,连接长江、黄河、淮河、海河四大江河,形成"四横三纵、南北调配、东西互济"水资源配置总体格局。2013年11月15日南水北调东线一期工程正式通水,2014年12月12日南水北调中线一期工程正式通水,梦想照进现实。

作为南水北调东线江苏段工程项目法人和运营主体,江苏水源公司圆满完成东线一期工程建设任务,2022年完成全部设计单元工程完工验收;连续9年圆满完成各项年度调水、省内抗旱、排涝等任务,为受水区工农业生产、经济社会发展及人民福祉保障提供了可靠基础。在多年的工程建设与管理实践中,江苏水源公司积累了大量宝贵经验,形成了具有自身特色的大型泵站、水闸、河道工程运行管理模式与方法。为进一步提升南水北调东线江苏段工程管理水平,在2022年出版发行《大型泵站标准化管理系统丛书》的基础上,江苏水源公司组织编制了本书,现予以付梓发行。

加强管理是工程效益充分发挥的基础。本书作为江苏水源公司"水源标准、水源模式、水源品牌"系列之作，紧密结合水利部水利工程标准化管理评价要求，构建了河道工程管理"十大标准化体系"，是南水北调东线江苏段河道工程标准化管理的指导纲领，是不断锤炼江苏南水北调工程管理队伍的实践指南。然，管理永远在路上，真诚希望该书出版后能够得到业内专业人士的指点完善，不断提升管理水平，共同成就南水北调功在当代、利在千秋的世纪伟业。

目录

管理组织

1 范围 ··· 003
2 规范性引用文件 ··· 003
3 术语和定义 ·· 003
4 一般规定 ·· 003
5 组织架构 ·· 004
6 岗位设置及职责 ··· 004
7 人员管理 ·· 004
8 考核评价 ·· 005
附录A 组织架构图 ·· 006
附录B 岗位职责 ·· 007
附录C 管理事项划分 ·· 009
附录D 岗位标准 ·· 017

管理制度

1 范围 ··· 021
2 规范性引用文件 ··· 021
3 术语和定义 ·· 021
4 一般规定 ·· 022
5 制度管理要求 ··· 022
6 考核评价 ·· 023
附录A 工程管理类制度 ·· 024
附录B 综合管理类制度 ·· 026
附录C 安全管理类制度 ·· 029

管理流程

1 范围 ·· 033
2 规范性引用文件 ·· 033
3 术语和定义 ·· 033
4 一般规定 ·· 033
5 工程管理 ·· 033
6 综合管理 ·· 034
7 安全管理 ·· 034
8 考核评价 ·· 034
附录 A 工程管理流程 ·· 035
附录 B 综合管理流程 ·· 051
附录 C 安全管理流程 ·· 057

管理表单

1 范围 ·· 067
2 规范性引用文件 ·· 067
3 术语和定义 ·· 067
4 工程管理表单 ·· 067
5 综合管理表单 ·· 098
6 安全管理表单 ·· 119

管理要求

1 范围 ·· 137
2 规范性引用文件 ·· 137
3 术语和定义 ·· 137
4 河道堤防 ·· 137
5 穿堤建筑物 ·· 138
6 防汛物资 ·· 139
7 考核评价 ·· 139
附录 A 河道管理技术要求 ·· 140
附录 B 穿(跨)堤建筑物技术要求 ·· 142
附录 C 防汛物资技术要求 ·· 143

管理信息

1	范围	147
2	规范性引用文件	147
3	术语和定义	147
4	一般规定	147
5	视频监视与安防系统	148
6	河道工程管理信息系统	150
7	系统运行维护	152
8	考核与评价	152

管理安全

1	范围	155
2	规范性引用文件	155
3	术语和定义	155
4	总则	155
5	目标职责	156
6	制度化管理	159
7	教育培训	160
8	现场管理	161
9	安全风险管控及隐患排查治理	166
10	应急管理	170
11	事故管理	174
12	持续改进	176

管理条件

1	范围	179
2	规范性引用文件	179
3	术语和定义	179
4	配置标准	179
5	考核评价	180
附录 A	河道堤防管理配置标准表	181
附录 B	河道堤防管理条件配置示意图	182

附录C	防汛物资配置标准表	183
附录D	防汛物资仓库配置表	183
附录E	防汛物资仓库管理条件配置示意图	184

管理标识

1	范围	187
2	规范性引用文件	187
3	术语和定义	187
4	一般规定	187
5	公告类标识标牌	188
6	安全类标识标牌	189
7	其他类标识标牌	189
8	标识标牌维护	190
9	考核与评价	190
附录A	公告类标识标牌	191
附录B	安全类标识标牌	196
附录C	其他类标识标牌	198

管理行为

1	范围	203
2	规范性引用文件	203
3	术语和定义	203
4	工程巡视检查	203
5	工程维护	205
6	工程观测	208
7	考核与评价	208
附录A	河道巡视作业指导书	210
附录B	河道养护工作清单	213
附录C	河道堤防工程观测作业指导书	214

管理组织

1　范围

本文件规定了南水北调东线江苏水源有限责任公司辖管河道工程管理单位的组织构架、岗位设置及职责、人员管理、工作事项等内容。

本文件适用于南水北调东线江苏水源有限责任公司辖管河道工程，类似工程可参照执行。

2　规范性引用文件

下列文件中的内容通过文中的规范性引用而构成本文件必不可少的条款。其中，注日期的引用文件，仅该日期对应的版本适用于本文件；不注日期的引用文件，其最新版本（包括所有的修改单）适用于本文件。

DB32/T 3935—2020　堤防工程技术管理规程

水利工程管理单位定岗标准

南水北调江苏水源有限责任公司工程管理考核办法

3　术语和定义

下列术语和定义适用于本文件。

3.1　公司

南水北调东线江苏水源有限责任公司的简称。

3.2　分公司

南水北调东线江苏水源有限责任公司下属的分公司，包括扬州分公司、淮安分公司、宿迁分公司及徐州分公司。

3.3　委托管理

由公司委托其他与自身没有隶属关系的单位（受托管理单位）组建管理队伍，在河道工程现场成立管理机构，对工程进行管理的方式。

3.4　管理项目部

受托管理单位在工程现场成立的项目部，具体负责工程日常管理工作。

4　一般规定

（1）河道工程宜采用委托管理模式，通过合同履行开展工程管理。

（2）公司调度运行部为河道管理组织的归口管理单位，履行如下管理职责：

① 负责河道运行管理组织相关文件的起草和修订；
② 负责提出管理项目部组织构架、人员要求、岗位职责及数量要求。
（3）分公司应履行如下管理职责：
① 负责按照委托管理合同要求，督促委托管理单位组建管理项目部，按合同要求配置管理人员；
② 负责做好辖管工程日常管理的监督检查，根据公司考核办法规定的权限，对委管管理项目部进行工程管理考核。
（4）管理项目部应履行如下职责：
① 按照岗位要求，配置满足条件的管理人员，开展工程巡查、养护等管理工作；
② 负责落实管理人员岗位职责，对人员工作情况进行考核；
③ 负责加强人员教育培训工作，提高管理人员业务水平。

5　组织架构

（1）管理项目部应包括运行维护科、综合科等部门，并按标准配备管理人员，组织架构图见附录A。
（2）管理项目部应对下设部门的事权、物权等进行规定，制定部门职能。

6　岗位设置及职责

（1）管理项目部应按照"因事设岗、以岗定责、以量定员"的原则定岗定员。为提高工作效率，可以结合实际实行一人多岗，但应严格按照国家法律法规和相关行业规范要求保证必要数量的运行、维修和管理人员；保证工程运行安全和人员安全。
（2）管理项目部宜设置6个岗位。
① 负责类设置2个岗位：行政负责岗、技术负责岗；
② 运行维护科设置3个岗位：堤防运维岗、涵闸运维岗、安全岗；
③ 综合科设置1个岗位：综合岗。
（3）管理项目部应结合日常管理工作，制定各岗位职责，管理项目部各岗位职责应符合附录B的要求，管理事项宜按照附录C进行划分。

7　人员管理

（1）管理项目部应根据岗位合理配置人员。
（2）管理项目部各岗位配置人员的学历、专业、职称及业务能力应满足管理需要。各岗位人员标准应符合附录D的要求。
（3）管理项目部主要岗位人员应相对固定，因特殊原因需要更换时需提前一周报分公司同意。
（4）管理项目部应加强人员的教育培训，新员工上岗前应接受安全教育培训；作业人员转岗、离岗6个月以上的，在重新上岗前，应重新培训，经考核合格后上岗。

（5）分公司应按照委托管理合同审核管理项目部管理人员，不符合要求的，管理项目部应进行更换调整。

8　考核评价

（1）对于管理项目部的考核分为季度和年度考核，由分公司依据委托管理合同和南水北调江苏水源有限责任公司工程管理考核办法组织开展。对于管理项目部人员的个人绩效考核由管理项目部自行组织开展。

（2）分公司应参照公司工程管理考核办法及委托管理合同，定期对管理项目部人员出勤情况及业务能力进行考核。对人员配置不到位，考勤不满足合同要求的，根据合同条款扣除相应人员经费；对业务能力不足，对工程状况掌握了解不够的，在工程管理考核中应进行扣分。

附录 A　组织架构图

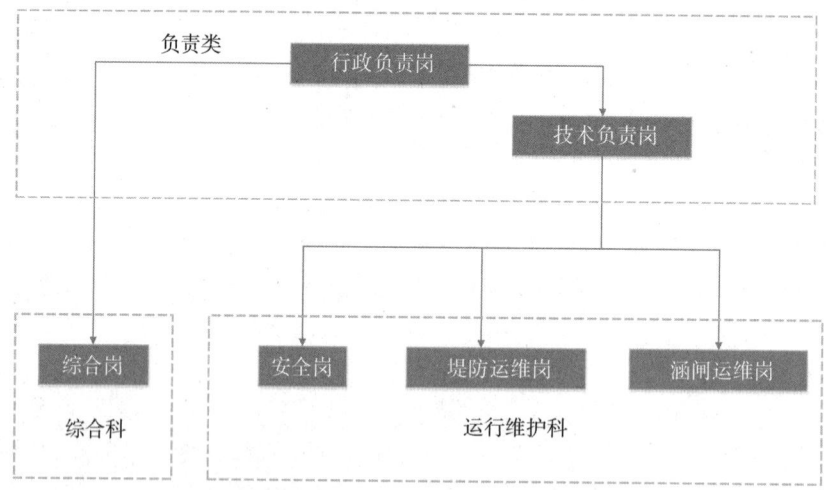

图 A.1　河道工程管理单位组织架构图

附录 B 岗位职责

B.1 行政负责岗

（1）贯彻执行国家有关法律法规、方针政策及上级主管部门的决定、指令。

（2）全面负责行政、业务工作，保障工程安全，充分发挥工程效益。

（3）组织制订和实施单位的发展规划及年度工作计划，建立健全各项规章制度，不断提高工程管理水平。

（4）推动科技进步和管理创新，加强职工教育，提高职工队伍素质。

（5）协调处理各种关系，完成上级交办的其他工作。

B.2 技术负责岗

（1）贯彻执行国家的有关法律法规和相关技术标准。

（2）全面负责技术管理工作，掌握工程运行状况，保障工程安全和效益发挥。

（3）组织制订、实施发展规划和年度计划。

（4）组织制订工程调度运用方案，工程除险加固、更新改造等建议方案；负责工程运行管理，组织工程检查、观测等工作；负责编制工程管理规章制度、规程、预案等；组织制订工程维修养护计划并组织实施；指导防洪抢险技术工作。

（5）负责工程安全管理，组织工程设施的一般事故调查处理，提出或审查有关技术报告，参与工程设施重大事故的调查处理。

（6）组织开展水利科技开发和成果的推广应用，指导职工技术培训、考核及科技档案工作。

（7）组织做好信息化平台应用、管理及维护等。

（8）完成领导交办的其他工作。

B.3 安全岗

（1）遵守国家有关安全生产的法律法规和相关技术标准。

（2）承担安全生产管理与监督工作。

（3）承担安全生产宣传教育工作。

（4）参与制订、落实安全管理制度及技术措施。

（5）参与安全事故的调查处理及监督整改工作。

（6）承担河道堤防水行政管理，参与河道管理范围内建设项目的审查、管理和相关监督检查。

（7）完成领导交办的其他工作。

B.4 堤防运维岗

（1）遵守各项规章制度和操作规程。

（2）具体承担河道堤防的巡视检查工作，发现问题及时报告并处理。

（3）掌握堤防工程运行状况，承担或配合做好堤防工程观测等技术工作，参与工程维修养护计划。

（4）对河道堤防及河面保洁工程进行监督管理。

（5）参与工程防汛抢险。

（6）完成领导交办的其他工作。

B.5　涵闸运维岗

　　（1）遵守各项规章制度和操作规程。

　　（2）严格按调度指令进行闸门启闭作业，完成运行值班任务。

　　（3）承担涵闸工程及附属的机电、金属结构设备的维护工作，参与工程维修养护计划。

　　（4）掌握涵闸工程运行状况，承担或配合做好涵闸工程观测等技术工作。

　　（5）及时发现、处理运行期间相关问题并报告。

　　（6）完成领导交办的其他工作。

B.6　综合岗

　　（1）贯彻执行国家的有关法律法规及上级部门的有关规定。

　　（2）具体负责行政事务、文秘、档案、信息宣传等工作。

　　（3）负责并承办行政事务、公共事务及后勤服务等工作。

　　（4）承办接待、会议、车辆管理、办公设施管理等工作。

　　（5）负责物资管理。

　　（6）组织做好党建、精神文明、水文化等工作。

　　（7）完成领导交办的其他工作。

附录 C 管理事项划分

顺序号	一级序号	一级事项	二级序号	二级事项	三级序号	三级事项	事项内容	事项编号	事项责任岗位	备注
1	1	管理组织	1	岗位管理	1	技术负责岗管理	岗位职责划分、月度、年度绩效考核	1.1.1	行政负责岗	
2					2	运行维护岗(涵闸、堤防)管理	岗位职责划分、月度、年度绩效考核	1.1.2	技术负责岗	
3					3	安全岗管理	岗位职责划分、月度、年度绩效考核	1.1.3	技术负责岗	
4					4	综合岗管理	岗位职责划分、月度、年度绩效考核	1.1.4	行政负责岗	
5	2	计划与考核	1	计划	1	年度计划审核	负责年度计划审核上报、执行情况的督查、预算费用落实	2.1.1	行政负责岗	
6					2		负责年度计划及预算经费编制的汇总初审	2.1.2	行政负责岗	
7					3	年度计划编制	负责工程检查、维养、观测等相关计划及预算经费的编制	2.1.3	技术负责岗	
8					4		负责安全管理相关计划及预算经费编制	2.1.4	安全岗	
9					5		负责综合相关计划及预算经费编制	2.1.5	综合岗	
10			2	工程管理考核	1	组织协调	负责与上级单位协调、安排、布置考核工作，审定汇报材料、考核汇报	2.2.1	行政负责岗	
11					2	汇报材料	负责工作总结、自评报告的编写	2.2.2	技术负责岗	
12					3		组织整编工程维养、检查、观测、修试类台账	2.2.3	技术负责岗	
13					4	台账整理	整编运行类台账	2.2.4	涵闸运维岗、堤防运维岗	
14					5		整编安全类台账	2.2.5	安全岗	
15					6		整编综合类台账和档案	2.2.6	综合岗	

续表

顺序号	一级序号	一级事项	二级序号	二级事项	三级序号	三级事项	事项内容	事项编号	事项责任岗位	备注
16	2	计划与考核	2	工程管理考核	7	现场准备	负责现场设备保养	2.2.7	涵闸运维岗、堤防运维岗	
17					8		负责现场环境提升	2.2.8	综合岗	
18			3	相关合同监督	1	河道堤防绿化及水保维护	乙方日常合同履行情况监督	2.3.1	堤防运维岗	
19					2	河面保洁	乙方日常合同履行情况监督	2.3.2	堤防运维岗	
20					3	参与考核	参与相关合同考核，及时向上级单位反馈意见	2.3.3	技术负责岗	
21	3	调度运行	1	指令执行	1	接收指令	接收闸门启闭指令，确定执行水闸	3.1.1	技术负责岗	
22					2	执行指令	按调度指令，行政负责岗执行闸门启闭操作	3.1.2	涵闸运维岗	
23					3	指令反馈	向上级单位、行政负责岗汇报指令执行情况	3.1.3	技术负责岗	
24					4	运行数据统计	统计闸门开度，上下游水位等相关数据	3.1.4	涵闸运维岗	
25			2	闸门启闭操作	1	操作前准备	按《操作作业指导书》对水工建筑物、机电设备进行检查、操作	3.2.1	涵闸运维岗	
26					2	闸门启闭操作、监护	按《操作作业指导书》进行闸门启闭操作、监护	3.2.2	涵闸运维岗	
27					3	信息反馈	向技术负责岗反馈闸门启闭操作执行情况	3.2.3	涵闸运维岗	
28			3	运行巡视	1	巡视检查	按《巡视作业指导书》规定的频次，进行巡视，并做好巡视检查记录	3.3.1	涵闸运维岗	
29					2	运行应急管理	当发生紧急情况时，按《反事故预案》进行紧急操作	3.3.2	涵闸运维岗	
30	4	工程检查	1	日常检查	1	组织、审查	组织开展经常性检查，审查检查结果，督促问题整改	4.1.1	技术负责岗	

续表

顺序号	一级序号	一级事项	二级序号	二级事项	三级序号	三级事项	事项内容	事项编号	事项责任岗位	备注
31	4	工程检查	1	日常检查	2	河道堤防	负责河道堤防及其附属设施等的经常检查及问题整改,包括对堤防绿化及水保维护情况、河面保洁情况的监督	4.1.2	堤防运维岗	
32					3	涵闸	负责穿堤涵闸经常检查及问题整改	4.1.3	涵闸运维岗	
33			2	定期检查	1	组织检查	组织汛前、汛后检查,召开专题动员会布置落实,审定检查技术方案	4.2.1	行政负责岗	
34					2	督促推进	编制汛前、汛后检查方案,督促推进实施,撰写总结	4.2.2	技术负责岗	
35					3	涵闸等附属设施	负责涵闸等的定期检查及问题整改	4.2.3	涵闸运维岗	
36					4	河道堤防	负责河道护坡、堤防等的定期检查及问题整改	4.2.4	堤防运维岗	
37			3	专项检查	1	组织	布置落实人员对工程和设备的检查工作	4.3.1	行政负责岗	
38					2	检查	组织人员对工程设备设施展开检查,做好记录	4.3.2	技术负责岗	
39					3	问题整改、反馈	负责专项检查发现问题的整改、落实情况,并反馈成效	4.3.3	安全岗	
40			4	特别检查	1	组织	布置落实人员对工程和设备的检查工作	4.4.1	行政负责岗	
41					2	检查	组织人员对工程设施设备展开检查,做好记录	4.4.2	技术负责岗	
42					3	问题整改、反馈	负责特别检查发现问题的整改、落实情况,并反馈成效	4.4.3	安全岗	
43	5	工程观测	1	工程观测	1	观测、监测	配合进行水闸垂直位移、河道断面观测等工作	5.1.1	堤防运维岗、涵闸运维岗	
44	6	维修养护	1	日常维修养护	1	安排、监督	安排日常维修养护,督促缺陷消除	6.1.1	技术负责岗	

续表

顺序号	一级序号	一级事项	二级序号	二级事项	三级序号	三级事项	事项内容	事项编号	事项责任岗位	备注
45	6	维修养护	1	日常维修养护	2	河道堤防	负责河道堤防及其附属设施等的经常检查及问题整改	6.1.2	堤防运维岗	
46					3	涵闸	负责穿堤涵闸的经常检查及问题整改	6.1.3	涵闸运维岗	
47					4	安全设施	负责安全监测、消防等安全设施的经常检查及问题整改	6.1.4	安全岗	
48			2	岁修	1	项目计划审查、申报	负责岁修或应急办项目计划的审定和上报	6.2.1	行政负责岗	
49					2	组织编制岁修项目计划	根据工程运行及检查发现的问题，组织编制年度岁修项目计划，包括实施方案和预算	6.2.2	技术负责岗	
50					3	岁修项目计划编制	根据工程存在的问题，具体编制岁修项目的方案和预算经费	6.2.3	堤防运维岗、涵闸运维岗	
51					4	岁修项目的采购	根据批复的岁修项目，确定采购形式，选定施工队伍或供应商，督促项目实施	6.2.4	技术负责岗	
52					5	岁修项目的实施	做好项目实施过程中的质量和安全控制，并及时整理施工资料和影像	6.2.5	堤防运维岗、涵闸运维岗、安全岗	
53					6	岁修项目的验收	组织项目初验，报上级单位验收	6.2.6	技术负责岗	
54					7	岁修项目管理卡编制	根据要求，编制岁修项目管理卡	6.2.7	堤防运维岗、涵闸运维岗	
55	7	安全管理	1	目标职责	1	安全组织网络	建立健全安全组织网络，定期召开安全会议，审核安全生产经费	7.1.1	行政负责岗	
56					2	安全责任分解、考核、奖惩	分解安全责任，制订人员安全目标责任状，定期对完成情况进行考核、奖惩	7.1.2	行政负责岗	

续表

顺序号	一级序号	一级事项	二级序号	二级事项	三级序号	三级事项	事项内容	事项编号	事项责任岗位	备注
57	7	安全管理	1	目标职责	3	签订安全责任状	与技术负责岗、堤防运维岗、涵闸运维岗、安全岗、综合岗签订安全目标责任状	7.1.3	行政负责岗	
58					4	确保安全生产投入	审定安全生产费用使用计划，确保安全生产的资金投入，审批安全费用，对安全费用的落实情况进行检查、总结和考核	7.1.4	行政负责岗	
59					5	负责安全生产投入	编制安全生产费用使用计划，负责安全生产的资金使用，编制安全生产费用使用台账	7.1.5	安全岗	
60					6	负责安全文化建设	确立本单位安全生产和职业病危害治理理念及行为准则，制订安全文化建设规划和计划，开展安全文化建设活动	7.1.6	行政负责岗	
61			2	制度化管理	1	传达适用法律、审定安全规章制度	负责审定适用法律和安全规章清单并传达，建立文本数据库	7.2.1	行政负责岗	
62					2	修订安全规章制度	及时将识别、获取的安全生产法律法规和其他要求转化为本单位规章制度体系，并根据实际，建立健全安全生产规章制度，事故调查评估、自评、检查、审评中发现的相关问题，及时修订安全生产规章制度	7.2.2	安全岗	
63					3	安全规章制度印发	及时印发安全规章制度，并发放给相关作业人员	7.2.3	安全岗	
64			3	职业健康管理	1	组织职业危害检测	委托专业机构，开展工作场所职业危害检测	7.3.1	行政负责岗	
65					2	职业危害告知	负责公布职业危害，并进行告知警示	7.3.2	安全岗	
66					3	职业危害预防	配备相适应的职业健康保护措施、工具和用品，开展相应职业危害体检	7.3.3	安全岗	

续表

顺序号	一级序号	一级事项	二级序号	二级事项	三级序号	三级事项	事项内容	事项编号	事项责任岗位	备注
67	7	安全管理	4	安全风险管控	1	组织安全风险辨识	组织全员对安全风险进行全面、系统的辨识,对辨识资料进行统计、分析、整理和归档,确定安全风险等级	7.4.1	行政负责岗	
68					2	安全风险管理	实施分类差异化动态管理,对安全风险进行控制	7.4.2	行政负责岗	
69			5	危险源管控	1	组织危险源辨识	组织危险源的识别,审核《危险源辨识报告》并上报分公司	7.5.1	技术负责岗	
70					2	危险源管理	建立危险源档案,并进行重点监控	7.5.2	堤防运维岗	
71			6	安全检查（隐患排查）	1	组织安全检查	负责组织单位安全生产检查,对重大安全隐患组织落实整改,保证检查、整改项目的安全投入	7.6.1	涵闸运维岗	
72					2	开展安全检查	安全生产小组人员参加安全检查	7.6.2	安全岗	
73					3	编制安全检查报告	根据检查结果编写报告,提出隐患整改建议	7.6.3	技术负责岗	
74					4	督促安全隐患整改	督促存在隐患的部门抓紧整改	7.6.4	安全岗	
75			7	应急预案	1	预案报批	应急预案审定后,向上级单位报批,批准后发布执行	7.7.1	行政负责岗	
76					2	工程预案编制	防汛预案、设备反事故应急预案编制	7.7.2	技术负责岗	
77					3	综合预案编制	综合预案编制	7.7.3	安全岗、综合岗	
78					4	预案演练	计划、演练、总结	7.7.4	安全岗	
79			8	事故管理	1	事故报告	发生事故后按照有关规定及时、准确、完整地向分公司报告,事故报告后出现新情况的,应当及时补报	7.8.1	行政负责岗	

续表

顺序号	一级序号	一级事项	二级序号	二级事项	三级序号	三级事项	事项内容	事项编号	事项责任岗位	备注
80	7	安全管理	8	事故管理	2	事故处理	发生事故后,采取有效措施,防止事故扩大,并保护事故现场及有关证据	7.8.2	行政负责岗、技术负责岗	
81					3	配合事故调查	事故发生后按照有关规定,查明事故发生的时间、经过,组织对事故进行调查,波及范围,人员伤亡情况及直接经济损失等原因	7.8.3	行政负责岗、技术负责岗	
82	8	文明建设	1	党建文明建设	1	党建活动开展	组织开展各项党建活动	8.1.1	综合岗	
83			2	精神文明建设	1	精神文明建设活动开展	组织开展各类精神文明建设活动	8.2.1	综合岗	
84			3	水文化活动	1	水文化活动开展	组织开展各类水文化活动	8.3.1	综合岗	
85	9	信息化建设	1	信息化平台	1	信息化平台应用	信息化平台应用、管理及维护	9.1.1	技术负责岗	
86			2	自动化监测预警	1	自动化监测预警系统应用	自动化监测预警系统应用、管理及维护	9.2.1	技术负责岗	
87			3	网络安全管理	1	网络安全平台管理制度	制订网络安全平台管理制度	9.3.1	技术负责岗	
88					2	网络安全措施制订	制订网络安全防护措施	9.3.2	技术负责岗	
89	10	综合后勤	1	教育培训	1	组织工程类教育培训	组织开展运行、检查、维养、安全类教育培训	10.1.1	综合岗	
90					2	组织综合类教育培训	组织开展公文、礼仪、档案、党务类教育培训	10.1.2	综合岗	
91			2	档案管理	1	日常管理	收集、整理、移交、归档、入库利用管理、销毁管理、保密管理	10.2.1	综合岗	

续表

顺序号	一级序号	一级事项	二级序号	二级事项	三级序号	三级事项	事项内容	事项编号	事项责任岗位	备注
92	10	综合后勤	3	日常行政	1	组织统筹	牵头办文、办会、接待等工作,起草综合类汇报材料	10.3.1	综合岗	
93					2	文秘管理	协助办文、办会,开展信息宣传,协助起草综合类汇报材料等	10.3.2	综合岗	
94					3	考勤管理	负责人员考勤工作	10.3.3	综合岗	
95			4	后勤管理	1	组织、统筹	牵头安全保卫、绿化等工作	10.4.1	综合岗	
96					2	物资管理	负责防汛仓库、备品件仓库的物资采购、使用、出入库管理工作	10.4.2	综合岗	
97					3	卫生保洁	负责工程范围内公共区域保洁	10.4.3	综合岗	

附录 D 岗位标准

D.1 行政负责岗
(1) 具备水利类或相关大专及以上学历。
(2) 取得中级及以上专业技术职业资格,并经相关岗位培训合格。
(3) 掌握水利相关法律法规,特别是河道堤防工程管理的基本知识、制度规章、技术标准。
(4) 具有良好的管理、组织、协调和决策能力,具备较强的分析力、判断力和处理复杂问题的能力。

D.2 技术负责岗
(1) 具备水利、土木类本科及以上学历。
(2) 取得中级及以上专业技术职业资格,并经相关岗位培训合格。
(3) 熟悉水利相关法律法规,特别是河道堤防工程管理的基本知识、制度规章、技术标准;掌握水利管理等专业知识和相关技术标准;了解国内外现代化管理的科技动态。
(4) 具有较强的管理、组织、协调和决策能力,辅助行政负责岗进行技术决策。

D.3 堤防运维岗
(1) 具备高中及以上学历。
(2) 取得初级及以上专业技术职业资格,并经相关岗位培训合格。
(3) 掌握河道堤防工程巡查工作内容及要求,具有发现并处理常见问题的能力。

D.4 涵闸运维岗
(1) 具备高中及以上学历。
(2) 取得闸门运行工初级及以上专业技术职业资格,具备电工证,经相关岗位培训合格。
(3) 掌握闸门启闭机操作的基本技能;了解涵闸的结构性能及运行等基本知识,能及时、安全、准确操作;具有发现并处理常见问题的能力。

D.5 安全岗
(1) 水利相关专业,具备大专及以上学历。
(2) 取得初级及以上专业技术职业资格,经安全岗位培训合格。
(3) 熟悉国家有关安全生产、水行政等方面法律法规及单位的安全规章制度。
(4) 具备一定安全生产管理经验,具有分析和协助处理安全生产问题的能力。

D.6 综合岗
(1) 水利、中文、文秘、档案等相关专业,具备大专及以上学历,经相应岗位培训合格。
(2) 掌握行政管理、人事教育、文秘档案等专业知识;了解河道堤防工程管理的基本知识。
(3) 具有较强的组织协调和语言文字能力。

管理制度

1 范围

本文件规定了南水北调东线江苏水源有限责任公司辖管河道工程现场管理单位综合、工程、安全管理类的相关制度。

本文件适用于南水北调东线江苏水源有限责任公司辖管河道工程,类似工程可参照执行。

2 规范性引用文件

下列文件中的内容通过文中的规范性引用而构成本文件必不可少的条款。其中,注日期的引用文件,仅该日期对应的版本适用于本文件;不注日期的引用文件,其最新版本(包括所有的修改单)适用于本文件。

GB 50286　堤防工程设计规范

SL 595　堤防工程养护修理规程

DB32/T 3935　堤防工程技术管理规程

国务院令第 647 号　南水北调工程供用水管理条例

NSBD15　南水北调工程渠道运行管理规程

NSBD21　南水北调东、中线一期工程运行安全监测技术要求(试行)

3 术语和定义

下列术语和定义适用于本文件。

3.1　飞检

事先不通知被检查部门实施的现场检查。

3.2　日常检查

河道管理人员在输水运行期及汛期,每天巡查1次,在非运行期或非汛期,对河道堤防、穿堤建筑物、附属设施每周进行2次的检查。

3.3　定期检查

河道管理人员汛前、汛后组织对工程的检查。

3.4　相关方

在河道工作管理范围内,与河道管理有关的或受其影响的个人或团体。

4　一般规定

(1) 公司工程调度运行部为本文件的归口管理单位,履行如下管理职责:
① 负责组织河道管理制度的起草和修订;
② 负责组织开展本文件涉及管理制度的培训和宣贯;
③ 组织对分公司和管理项目部进行检查,对河道管理制度执行情况进行考核。

(2) 分公司应履行如下管理职责:
① 负责监督管理项目部执行和落实河道工程管理制度;
② 负责根据公司相关考核办法规定的权限,对河道运行管理制度执行情况进行考核,并将考核意见反馈公司调度运行管理部;
③ 负责收集管理项目部反馈的河道管理制度执行中存在的问题,提出修订意见并向公司调度运行部进行反馈。

(3) 管理项目部应履行如下职责:
① 负责加强河道工程运行管理制度的学习培训;
② 负责执行河道工程运行管理制度;
③ 负责反馈制度执行中存在的问题,提出修订意见。

5　制度管理要求

(1) 公司各级管理单位应对照职责分工,根据本文件和国家有关规定,建立健全工程管理、综合管理及安全管理相关工作制度。

(2) 工程管理类制度主要规定了管理项目部在工程管理中的工作要求,包括工程检查(定期检查、日常检查)、工程观测、汛期工作、冬季工作、工程养护等方面的制度,相关制度示例见附录 A。

(3) 综合管理类制度主要规定了管理项目部在综合管理中的工作要求,包括请示报告、工程管理大事记、教育培训、物资管理、环境卫生管理、档案管理、值班管理等方面的制度,相关制度示例见附录 B。

(4) 安全管理类制度主要规定了管理项目部在安全管理中的工作要求,包括主要包括安全生产工作、事故报告和调查处理、安全用具管理、隐患排查治理、网络安全管理等方面的制度,相关制度示例见附录 C。

(5) 管理项目部应将管理制度装订成册,及时发放到相关工作岗位,组织学习培训。

(6) 管理项目部应对照相关要求,将部分关键制度制作上墙明示。

(7) 管理项目部应明确各项工作的落实人员,按照本文件规定的运行管理制度开展河道工程运行管理工作。

(8) 管理项目部应每年至少评估一次河道运行管理制度的适用性、有效性和执行情况。

(9) 公司及分公司应加强对管理项目部制度执行情况的检查。

(10) 工作条件发生变化时应及时修订相关管理制度。

6　考核评价

公司、分公司应根据相关工程管理考核办法，对照评分标准，定期对管理项目部制度上墙、制度执行以及制度评估、修订和完善情况进行考核。

附录 A　工程管理类制度

A.1　工程检查制度

A.1.1　工程检查原则上由单位行政负责岗组织，技术负责岗牵头负责，涵闸运维岗与堤防运维岗人员参加。

A.1.2　工程检查范围包括河道工程堤顶、堤坡及青坎、护坡、排水设施、堤脚、堤防工程保护范围、穿堤建筑物接合部、河道水质、附属设施、管理用房等。

A.1.3　工程检查一般分定期检查、日常检查、特别检查、专项检查。

（1）定期检查：包括汛前检查（6月1日前）、汛后检查（10月1日后）等。内容主要包括堤顶、堤坡及青坎、护坡、排水设施、堤脚、堤防工程保护范围、穿堤建筑物接合部、河道水质、附属设施、管理用房等，检查项目及要求应编制专项作业指导书。

（2）日常检查：包括河道在输水运行期及汛期，每天巡查1次，非运行期或非汛期，每周检查2次。检查内容包括堤身外观、堤岸护坡、排水设施、护堤地及保护范围、堤防附属设施等，并按规定格式做好记录。

（3）特别检查：当发生洪水、暴雨、台风、地震和超标准运行等工程非常规运用情况应进行特别检查，必要时应报请上级单位业务主管部门共同检查，检查项目及内容在管理表单中进行明确。

（4）专项检查：堤防工程的管理单位应不定期委托有资质的单位对险工、险段及重要堤段进行堤身、堤基探测检查或护脚探测，检查项目及内容在管理表单中进行明确。

A.1.4　检查结果应客观真实地反映河道堤防、附属设施存在的问题，同时应建立检查动态问题台账。

A.1.5　管理项目部应按要求将检查结果逐级上报，并做好归档工作。

A.2　工程观测制度

A.2.1　工程观测范围包括河道管理范围内的堤防、中型涵闸等。

A.2.2　观测人员应严格按照《南水北调东、中线一期工程运行安全监测技术要求（试行）》规定，结合各工程实际编制观测任务书，经分公司批准后，按照观测任务书规定的项目、频次和时间开展安全监测工作。

A.2.3　堤防工程应根据实际情况开展专项探测，包括堤防隐患探测及水下根石（抛石）探测，其探测方法和探测频次应根据探测对象的类型及其形成发展过程确定。专项探测工作宜委托专业队伍进行。

A.2.4　重要堤段应对观测、监测设施的有效性、完整性做重点检查，应根据查险抢险需要适时进行重点堤段应急探测。

A.2.5　每次观测结束后，应及时计算和整理观测数据，对观测成果进行初步分析，如发现观测精度不符合要求等异常情况时，应立即查明原因，必要时进行复测，增加测次或观测项目。

A.2.6　每年年初应对上一年度的观测成果组织整编和审查，成果经整理、核实无误后应装订成册，作为技术档案永久保存。

A.3　汛期工作制度

A.3.1　管理项目部汛前应做好各项准备工作，包括防汛组织体系调整、防汛预案修订、开展汛前检查等,并报分公司批复,汛前检查工作要求在工程检查制度中已明确。

  A.3.2 管理项目部应备足必要的防汛抢险物资、备品备件,妥善保管,以备应急使用。

  A.3.3 管理项目部应制订预案演练计划,严格根据计划开展演练。

  A.3.4 汛期严格执行24小时值班和领导带班制度,值班期间,严格遵守《值班管理制度》。

  A.3.5 值班人员应及时接收、传达相关调度指令,并做好台账记录。

  A.3.6 值班人员应密切关注工程的水情、工情和雨情,按要求做好报汛等工作。

A.4 冬季工作制度

  A.4.1 每年冬季来临前应及时制订冬季工作计划,做好防冻、防冰凌工作。

  A.4.2 在冬季来临前准备好防冻器材,如芦柴、铅链等。

  A.4.3 遇雨雪应及时扫除管理范围内道路、交通桥上的积水、积雪。在上下爬梯、门厅等部位采取铺设草帘等防滑措施。

A.5 工程养护制度

  A.5.1 工程检查原则上由单位技术负责岗组织,涵闸运维岗、堤防运维岗根据工作分配,按规定频次、要求对建筑物和设备设施进行日常养护工作。

  A.5.2 管理项目部应根据检查情况及时对河道堤防进行养护,修补缺损部位,保持堤防完整、安全。

  A.5.3 堤防工程养护内容包括堤顶、堤坡、护坡、防渗及排水设施等。

  A.5.4 配套涵闸养护内容包括机电设备、水工建筑物、自动化设备、观测设施、管理设施等。

  A.5.5 检查结果应客观真实地反映河道堤防、附属设施存在的问题,同时应建立检查动态问题台账,对问题整改情况进行跟踪管理。

  A.5.6 管理项目部应按要求将检查结果逐级上报,并做好归档工作。

附录 B　综合管理类制度

B.1　请示报告制度

B.1.1　重大事项应请示报告,主要包括突发事件(如:水污染、社会群体事件等)、重大活动、人员变动等。

B.1.2　请示报告应及时、准确、完整,不应迟报、漏报、瞒报,更不应虚报、谎报。

B.1.3　实行逐级请示报告制度,特殊情况下可越级请示报告。

B.1.4　上级单位或外单位来检查、考察、飞检等事宜应由管理单位负责人及时向分公司汇报。

B.1.5　因特殊紧急情况无法履行书面重大请示报告的事项,应先采用电话等形式口头请示汇报,事后及时补充书面报告。

B.1.6　除了正式的请示报告文件外,还应做好相关请示报告大事记记录。

B.1.7　请示报告的正式文件应按照有关规定及时归档。

B.2　工程管理大事记制度

B.2.1　工程管理大事记应重点记载工程管理过程中发生的相对重大事件。

B.2.2　工程管理大事记应由专人记录整理,单位负责人审核后按规定归档。

B.2.3　工程管理大事记应主要包括以下内容:

(1) 上级单位领导和业务主管部门参加的重要会议和重要活动;

(2) 主管部门所发布的重要指示、决定、规定、通知、布告等文件;

(3) 主要管理人员的调动、任免、内部机构设置及变化等;

(4) 工程调度运行情况;

(5) 主要维修项目、工程养护实施情况以及重要协议、合同的签订;

(6) 发生的重大安全生产事故;

(7) 单位及职工受奖惩的主要情况;

(8) 单位开展的大型文艺、体育、教育、交流等活动;

(9) 其他应予记述的重要事项。

B.2.4　工程管理大事记记录时间要准确,时间应作为对大事条目进行编排的基本依据。

B.2.5　工程管理大事记应一事一记,准确记录时间、地点、情节、因果关系,维护事情的真实性。

B.2.6　各河道工程管理大事记由综合岗负责记录整理,主要负责人审核,每年1月15日前完成上年度大事记的整理工作。

B.3　教育培训制度

B.3.1　管理单位应至少每季度开展一次业务培训,员工年度培训、技能训练率应达到80%以上。

B.3.2　学习培训应准时参加,不应迟到、早退、无故缺席。

B.3.3　学习培训结束后宜组织一次闭卷考试,成绩与绩效分配挂钩。

B.3.4　新入职的职工应参加管理项目部及部门组织的培训,合格后方可正式进入班组工作。

B.3.5　学习培训的内容主要包括河道堤防维修养护、穿堤建筑物巡视检查及安全生产方面的规程规范，以及公司、分公司下发的相关文件。

B.3.6　管理单位应积极推进传帮带学习培训模式，采取必要的激励措施，增强培训效果。

B.3.7　每年12月底前应征求职工教育培训需求，制订下一年的学习培训计划，报分公司批准后实施。

B.4　物资管理制度

B.4.1　保管人员应工作认真负责，爱护国家财物。

B.4.2　物资入库应认真验收，并登记入册。物资应分类保管、堆放整齐、保管完好。

B.4.3　物资应经负责人审批后方可领取，并进行登记，各类专用工具领取使用完毕后应及时收回。

B.4.4　易燃易爆等危化品零存储，必要时适量购入，按要求妥善保管，定期检查。

B.4.5　物资仓库应定期清扫检查，每月清扫不少于一次，防止霉变、灰尘积落。

B.4.6　外单位借用本单位物资，应经单位负责人同意，办理借用手续后方可借出，用后应及时收回。

B.5　环境卫生管理制度

B.5.1　环境卫生管理范围主要包括河道堤防、办公楼公共区域、道路、公共设施、绿化带、河面等。

B.5.2　管理区域保持室内地面无灰尘、污渍，墙壁无蛛网，窗明几净；室外无明显杂物、杂草，道路干净。

B.5.3　应遵守社会公德，不应随地吐痰和乱扔杂物，管理范围应保持清洁卫生，创造良好的工作环境。

B.5.4　应督促绿化养护单位做好绿化管理工作，及时浇水、治虫、修剪、除草，维护站区良好的绿化环境。

B.5.5　河道沿线涵闸内各种维修工具、材料、设备、标牌应摆放整齐有序，维修结束后，应及时清理，做到工完、料尽、场地清。

B.5.6　各种机动车辆应按划定的位置有序停放。

B.5.7　应及时打捞影响水面整洁的水生植物和漂浮垃圾，保持进出水池水面干净。

B.6　档案管理制度

B.6.1　管理单位应对工程的建设（含改建、扩建、更新、加固）、管理、科学试验等文件和技术资料进行分类收集、整理，并按要求进行存档、保管、移交、借阅、复制、鉴定及销毁。档案管理应符合国家档案管理的相关规范。

B.6.2　档案归档应使用国家规范规定的案卷盒、卷夹、案卷封面、卷内目录、卷内备考表等。

B.6.3　设备技术资料为设备的随机资料，检修资料、试验资料、设备检修记录等应在工作结束后由技术人员认真整理，编写总结，及时归档。运行值班记录、交接班记录等应在下月初整理，装订成册。年底将本年度所有的试验记录、运行记录、检修记录等装订成册，保证资料的完整性、正确性、规范性。

B.6.4 已过保管期的资料档案,应经过主管部门领导、有关技术人员和本单位领导、档案管理员共同审查鉴定,确认可销毁的,造册签字,指定专人销毁。

B.6.5 管理单位应严格执行档案的保管、借阅制度,做到收、借有手续,定期归还。

B.7 值班管理制度

B.7.1 值班人员宜统一着装,穿戴必要防护设施,挂牌上岗,举止文明。

B.7.2 值班期间不应迟到、早退,不应聊天、玩手机、打瞌睡,不应酒后上岗。

B.7.3 值班人员不应擅离职守,不应擅自将非运行人员带入值班现场,如遇特殊情况需要离开岗位,应征得负责人同意后方可离开。

B.7.4 应时刻关注水情数据,按实填写值班运行记录,做到记录详细、数据准确、字迹工整,不应伪造数据。

B.7.5 值班期间发生安全生产事故时,应及时做好现场应急处置,并按照事故处理报告制度要求立即逐级上报,不应弄虚作假,隐瞒真相。

B.7.6 做好运行现场文明生产工作,保持设备及环境清洁。

附录 C 安全管理类制度

C.1 安全生产工作制度

C.1.1 管理单位应成立安全生产领导小组,设置兼职安全员,建立健全安全管理网络和安全生产责任制并逐级落实安全责任。

C.1.2 安全生产领导小组每月至少召开一次工作例会,学习传达上级有关安全生产的通知要求,分析管理单位安全生产形势,布置安全生产工作,督促隐患整改。

C.1.3 安全生产领导小组应每年至少开展一次反事故演练,每月组织一次安全检查,排查安全隐患,落实整改措施。

C.1.4 安全生产领导小组应至少每季度组织一次安全知识培训,学习有关安全规程和消防等相关知识。

C.1.5 管理单位在国庆、春节、国家重大活动以及安全生产月期间应组织安全生产专项检查,重点做好安保及维稳工作。

C.1.6 现场管理单位应及时向分公司上报安全生产月报,年度安全生产工作总结、计划等材料。

C.1.7 安全生产日常工作根据"管理安全"要求开展。

C.2 事故报告和调查处理制度

C.2.1 按照"谁主管、谁负责"的原则,在追查事故直接责任人的同时,应追究相关管理人员、有关负责人及单位的责任。

C.2.2 事故追查处理应坚持"事故原因没有查清楚不放过、责任人员没有受到处理不放过、单位职工没有受到教育不放过、防范措施没有落实不放过"的四个原则。

C.2.3 事故的处理由公司根据事故调查组认定结果,按照生产安全事故报告、调查处理条例和公司的相关规定给予行政处分和经济处罚,构成犯罪的,移交司法机关处理。

C.3 安全用具管理制度

C.3.1 安全用具包括绝缘靴、绝缘手套、安全帽、安全带、安全网、安全绳等。

C.3.2 安全用具应具有安全生产许可证、产品合格证。

C.3.3 安全用具应由专人管理,建立台账,定点摆放,保证完好。

C.3.4 安全用具应摆放在具有温湿度控制调节功能的专用柜内,定期检查。

C.3.5 安全用具应按照有关规范要求,由有资质的单位定期做好检测、检验,合格后方可使用,电气安全用具应粘贴检测合格的标签。

C.3.6 严格执行安全用具使用登记和借用制度,使用后及时归还,并保证安全用具的完好。

C.3.7 管理单位应及时更换不合格、损坏和落后淘汰的安全用具,选用安全性能更高的安全用具,保证劳动使用时的安全。

C.3.8 登高安全用具、安全网、安全帽应编号管理,每年检查一次,接地线备有两副及以上时应统一编号,防毒面具等使用后应清洗,至少两个月检查一次。

C.3.9 不应擅自改变安全用具的用途。

C.4　隐患排查治理制度

C.4.1　管理单位应定期或不定期地组织安全检查,及时落实、整改安全隐患,使单位设备、设施和生产秩序处于可控状态。

C.4.2　安全隐患排查分经常性(日常)检查、定期检查、节假日检查、特别(专项)检查。其中,经常性检查不少于1次/月;定期检查不少于1次/季度;每年春节、国庆节等重大节假日前进行节假日检查;特别天气之前后、汛前、汛后应开展特别检查。

C.4.3　对排查出的各类隐患及时上报并登记。一般隐患,管理单位立即组织整改;重大隐患、整改难度较大且需要一定资金投入的,及时编制隐患整改方案,报公司审核批准后组织实施。

C.4.4　隐患未整改前,应当采取相应的安全防范措施,防止事故发生。隐患排除前或者排除过程中无法保证安全的,应当从危险区域内撤出作业人员,并疏散可能危及的其他人员,设置警戒标志。

C.4.5　管理单位每月应通过水利安全生产信息上报系统将安全隐患排查治理情况上报,并定期将隐患排查治理的报表、台账、会议记录等资料整理归档。

C.5　网络安全管理制度

C.5.1　管理单位应落实网络安全保护责任,履行安全保护义务,对网络安全保护对象运行管理各环节采取安全管控措施,保障网络安全保护对象运行安全。

C.5.2　管理单位应保障数据采集、传输、存储、处理、交换、共享和销毁等数据生命周期安全,对重要数据的处理应明确数据安全负责人,落实数据安全保护责任。

C.5.3　管理单位应对运行中的网络安全保护对象实施网络安全监测、风险评估等,及时排查网络安全隐患。

C.5.4　管理单位应制订网络安全事件应急预案,并组织开展网络安全应急演练,检验评估并完善应急预案。

管理流程

1 范围

本部分规定了南水北调东线江苏水源有限责任公司辖管河道工程现场管理单位工程、综合、安全管理中的一些重要工作流程。

本部分适用于南水北调东线江苏水源有限责任公司辖管河道工程,类似工程可参照执行。

2 规范性引用文件

下列文件中的内容通过文中的规范性引用而构成本文件必不可少的条款。其中,注日期的引用文件,仅该日期对应的版本适用于本文件;不注日期的引用文件,其最新版本(包括所有的修改单)适用于本文件。

GB 50286 堤防工程设计规范

SL 595 堤防工程养护修理规程

DB32/T 3935 堤防工程技术管理规程

国务院令第 647 号 南水北调工程供用水管理条例

NSBD15 南水北调工程渠道运行管理规程

NSBD21 南水北调东、中线一期工程运行安全监测技术要求(试行)

生产安全事故报告和调查处理条例

3 术语和定义

下列术语和定义适用于本文件。

档案归档:立档单位在其职能活动中形成的、办理完毕、应作为文书档案保存的文件材料,包括纸质和电子文件材料。

4 一般规定

(1) 管理流程主要是对管理事项中典型性、规律性较强的工作事项编制相应流程,主要包括工程管理、综合管理、安全管理等三个部分。

(2) 各工作事项按照管理职能和发生的时间顺序绘制流程节点和流向图,明确责任单位、责任人,流程执行完毕后,形成规范的成果资料。

5 工程管理

(1) 工程管理工作流程包括工程检查、观测、维修、养护、河面保洁等内容。具体工程管理流程见附录 A。

(2) 工程检查工作流程主要涉及日常检查、定期检查,其中日常检查主要包括巡查检查、问题处理、资料归档等环节,定期检查包括汛前检查、汛后检查。

(3)工程观测主要包括接收观测任务通知书,落实观测仪器、人员,开展观测并形成初步观测资料,观测资料整编,成果归档等环节,工程观测工作应按 NSBD21 的规定执行。

(4)维修养护工作流程主要涉及日常养护、岁修项目管理。岁修项目管理主要包括项目申报、实施、验收等。

(5)河面保洁流程主要包括水草打捞、垃圾水草处理、河面保洁验收等环节,河面保洁工作应按相关协议要求执行。

6　综合管理

(1)综合管理工作流程主要涉及物资管理、职工培训等,具体流程见附录 B。

(2)物资主要包括防汛物资、备品备件、检修及养护消耗品等,物资管理流程主要涉及物资采购入库、出库、清仓查库等环节。

(3)职工培训根据年度培训计划开展,主要包括编制培训计划、组织培训、编制培训记录等环节。

7　安全管理

(1)安全管理工作流程主要涉及危险源识别、安全检查(隐患排查)、应急预案管理和事故报告,具体流程见附录 C。

(2)安全管理应按安全生产法律法规、GB/T 30948、NSBD16 的规定执行。

8　考核评价

河道工程管理各项工作应严格按照管理流程开展实施,流程涉及单位、部门应严格流程审核,并归档流程执行档案资料,分公司负责对辖管工程管理流程执行情况进行检查考核。

附录 A 工程管理流程

A.1 日常检查流程可按图 A.1 执行,表 A.1 给出了该流程执行工作说明。

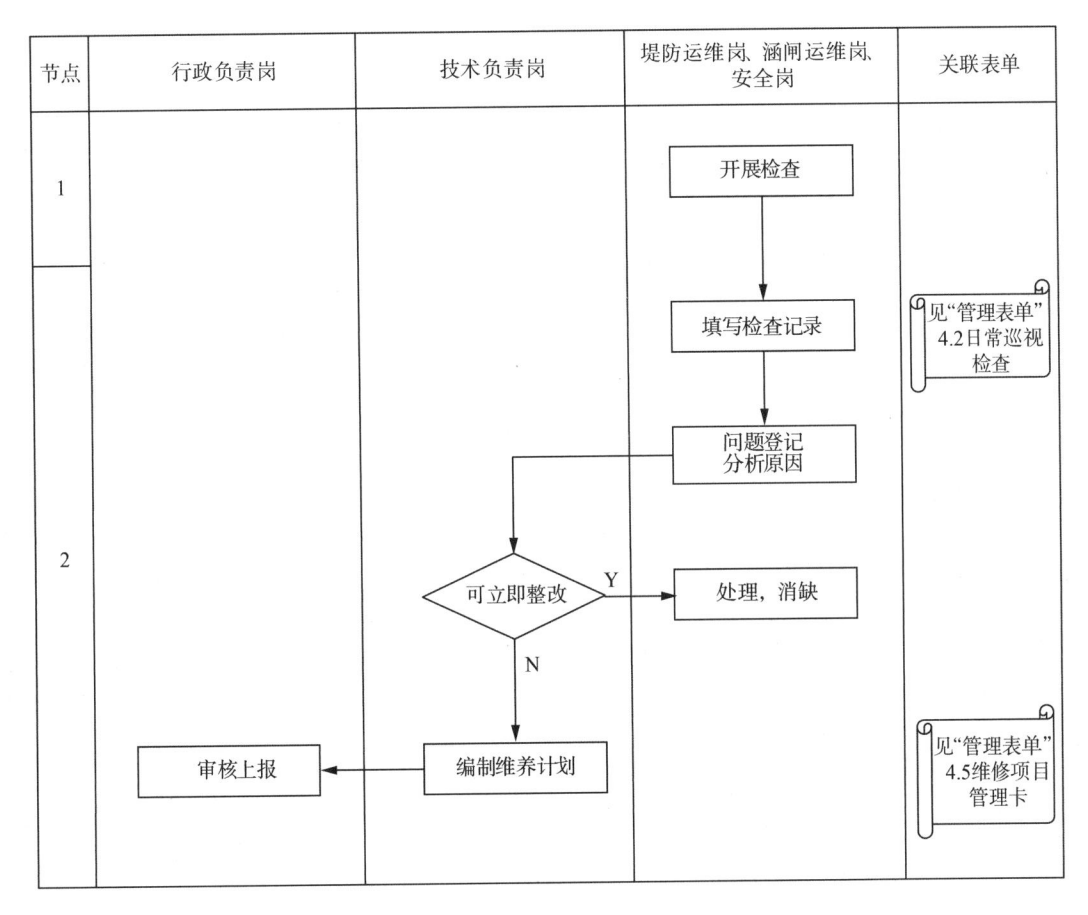

节点	行政负责岗	技术负责岗	堤防运维岗、涵闸运维岗、安全岗	关联表单
1			开展检查 → 填写检查记录	见"管理表单" 4.2 日常巡视检查
2	审核上报 ←	编制维养计划 ← 可立即整改（N）	问题登记 分析原因 → 可立即整改（Y）→ 处理,消缺	见"管理表单" 4.5 维修项目管理卡

图 A.1 日常检查流程

表 A.1 日常检查流程说明

	流程节点	责任岗位	工作说明
1	巡视检查	各岗位	各岗位按职责分工,按频次和检查内容开展日常检查,填写检查记录。
2	问题处理	技术负责岗	对于检查中发现的问题,组织分析原因,制订维修方案等。对于能立即整改的问题,立即组织整改;不能立即整改的,落实应急措施,组织编制季度养护计划或申报维修养护项目。
		堤防运维岗、涵闸运维岗	做好问题登记,协助分析问题原因、制订维修方案,开展维修。
		行政负责岗	审核养护或维修养护项目计划,待批复后组织实施,问题消缺。

A.2 定期检查(汛前检查)流程可按图 A.2 执行,表 A.2 给出了该流程执行工作说明。

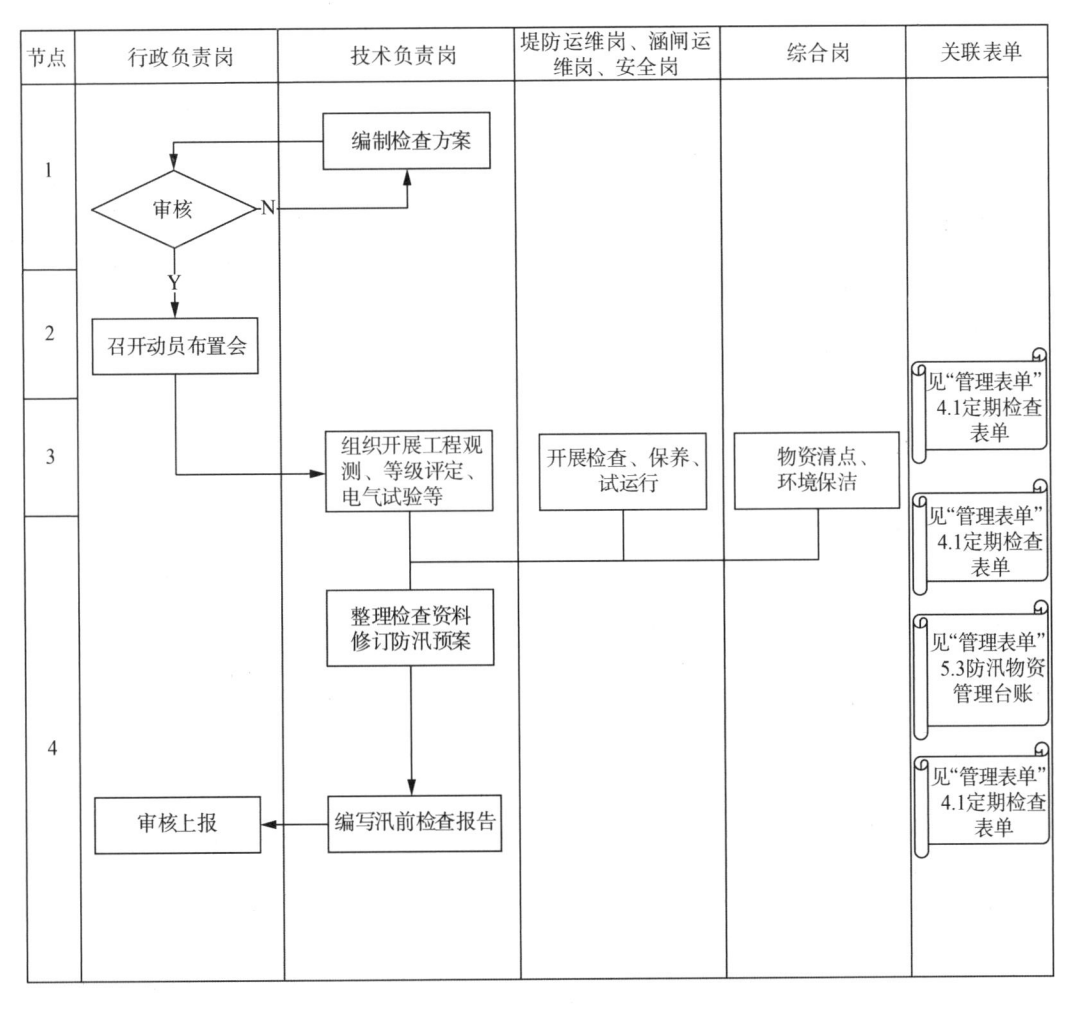

节点	行政负责岗	技术负责岗	堤防运维岗、涵闸运维岗、安全岗	综合岗	关联表单
1	审核 →N	编制检查方案			
2	召开动员布置会 ←Y				见"管理表单" 4.1定期检查表单
3		组织开展工程观测、等级评定、电气试验等	开展检查、保养、试运行	物资清点、环境保洁	见"管理表单" 4.1定期检查表单
4	审核上报	整理检查资料修订防汛预案 / 编写汛前检查报告			见"管理表单" 5.3防汛物资管理台账 / 见"管理表单" 4.1定期检查表单

图 A.2 定期检查(汛前检查)流程

表 A.2 定期检查流程说明

流程节点		责任岗位	工作说明
1	编制方案	技术负责岗	编制汛前检查工作实施方案,分解检查保养任务,落实各项任务的责任岗位、时间节点,明确工作标准、资料模板等要求。
		行政负责岗	审核汛前检查工作实施方案。
2	动员布置	行政负责岗	召开动员布置会,落实汛前检查保养责任。
3	汛前检查保养	各岗位	各岗位根据任务分工开展检查、观测、保养、试验、评定、预案修订、物资清点等各项软硬件工作,完善工作资料和台账。
4	形成报告	技术负责岗	编写汛前检查报告。
		行政负责岗	审核汛前检查报告并上报。

A.3 定期检查(汛后检查)流程可按图 A.3 执行,表 A.3 给出了该流程执行工作说明。

节点	行政负责岗	技术负责岗	涵闸运维岗、堤防运维岗、安全岗	关联表单
1	审核(N→编制检查方案)	编制检查方案		
2	Y→召开动员布置会			
3			按分工开展检查	
4			问题登记	
5		落实应急措施申报维养项目(N)	能立即处理 Y→组织处理,消缺	见"管理表单"4.5维修项目管理卡
6	审核上报	资料收集整理,形成汛期工作总结、汛后检查报告、年度岁修项目计划		见"管理表单"4.1定期检查表单

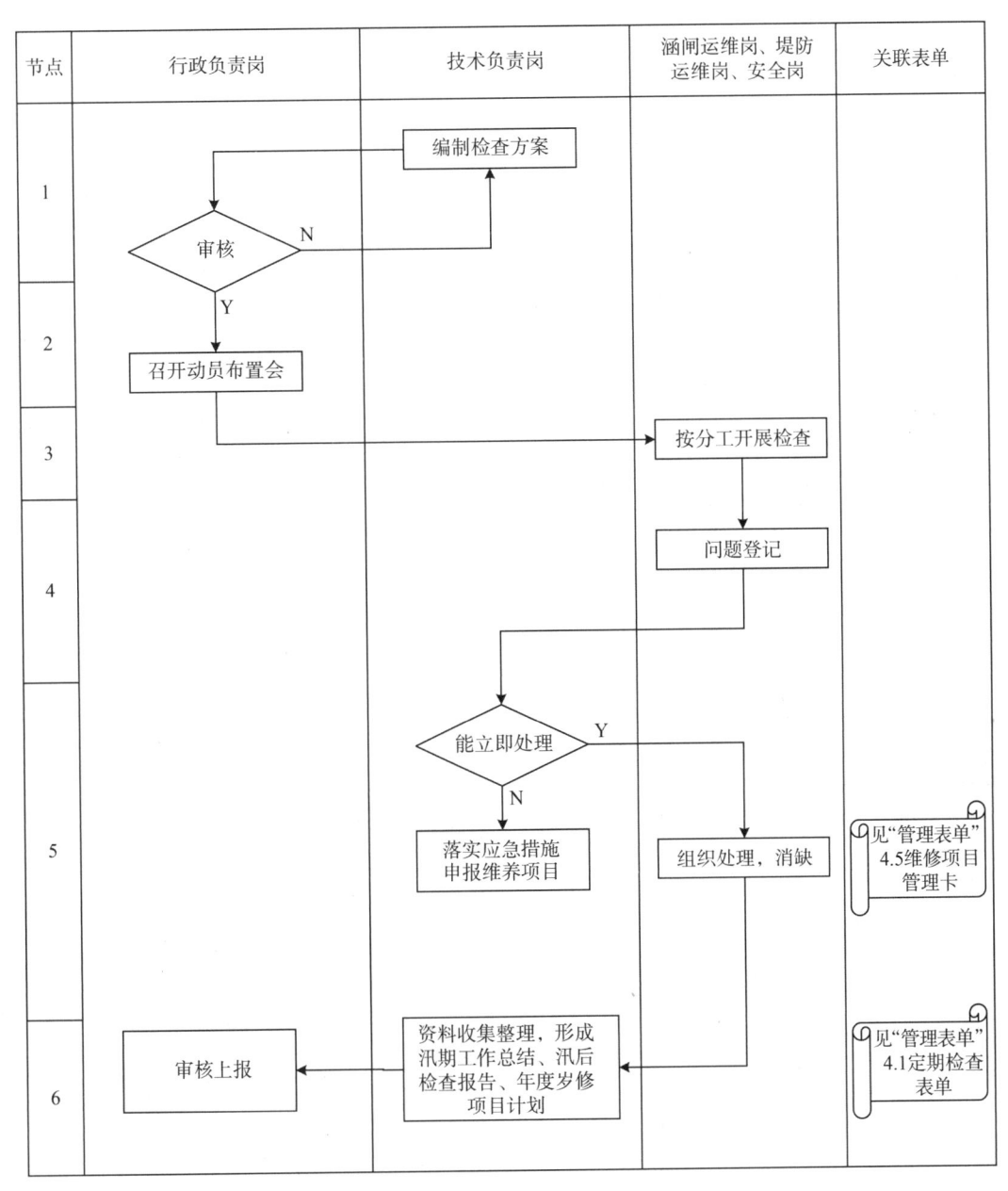

图 A.3 定期检查(汛后检查)流程

表 A.3　定期检查(汛后检查)流程说明

	流程节点	责任岗位	工作说明
1	编制方案	技术负责岗	编制汛后检查工作实施方案,分解检查保养任务,落实各项任务的责任岗位、时间节点,明确工作标准、资料模板等要求。
		行政负责岗	对汛后检查工作实施方案进行审核。
2	动员布置	行政负责岗	召开动员布置会,落实汛后检查工作。
3	汛前检查保养	各岗位	根据任务分工开展检查、保养等工作,完善工作资料和台账。
4	问题登记	堤防运维岗、涵闸运维岗、安全岗	问题登记,协助编制维修方案,组织维修,消缺。
5	问题处理及项目申报	技术负责岗	分析问题原因,组织各岗位编制维修方案,对于一时不能处理的问题,根据问题情况,组织落实应急措施,编制年度维修养护项目计划,内容包括存在的问题、维修方案、主要工程量、预算、图纸等,必要时可委托专业单位进行维修方案编制。
		行政负责岗	审核年度项目计划并上报。
		堤防运维岗、涵闸运维岗、安全岗	协助编制维修方案,组织维修,消缺。
6	形成报告	技术负责岗	技术负责岗编写汛期工作总结、汛后检查报告、年度岁修项目计划。
		行政负责岗	审核汛期工作总结、汛后检查报告、年度岁修项目计划并上报。

A.4 工程观测管理流程可按图 A.4 执行,表 A.4 给出了该流程执行工作说明。

节点	技术负责岗	水文水质监测中心	涵闸运维岗、堤防运维岗	关联表单
1		接收观测任务通知书		参见"管理表单" 4.4 工程观测记录
2		落实观测仪器、人员,开展观测 → 对原始记录资料进行整编 → 观测精度是否符合规范要求(N返回/Y)	参与工程观测	
3		形成初步观测资料 → 对初步资料进行一校、二校,并对比分析 → 编制观测设施考证表、观测成果表、统计表,绘制变化趋势曲线图		
4		观测成果显示存在异常情况(Y/N)	Y	
5		编写年度观测工作说明和大事记		
6	审核			
7		形成年度观测成果汇编,刊印		

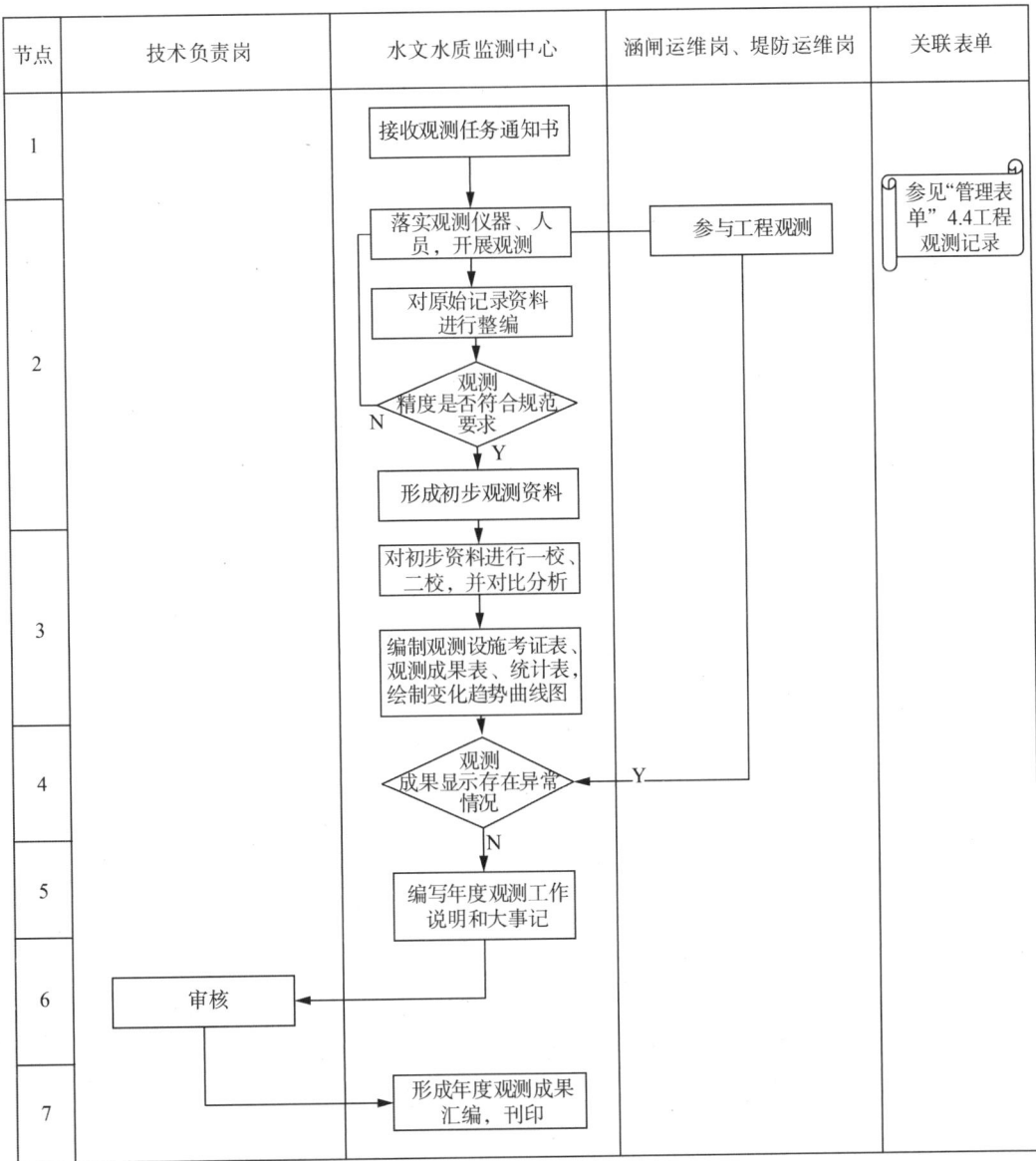

图 A.4 工程观测管理流程

表 A.4　工程观测管理流程说明

	流程节点	责任岗位	工作说明
1	接收观测任务通知书	水文水质监测中心	接收观测任务纸质书,包括观测项目、观测人员、观测资料整编等。
2	落实观测仪器、人员,开展观测并形成初步观测资料	水文水质监测中心、涵闸运维岗、堤防运维岗	负责水闸垂直位移、河道断面观测。
3	观测资料整编	水文水质监测中心	对初步观测资料进行一校、二校,对观测成果对比分析,编制观测设施考证表、观测成果表、统计表,同时绘制变化趋势曲线图。
4	复测	水文水质监测中心	观测成果显示工程存在异常时,组织开展复测;若复测成果依然显示工程存在异常,将情况反馈管理单位并进行上报。
5	观测成果编制	水文水质监测中心	编写年度观测工作说明和大事记。
6	审核观测成果	技术负责岗	审查整编后的观测成果。
7	成果归档	水文水质监测中心	形成年度观测成果汇编,刊印。

A.5 日常养护流程可按图 A.5 执行,表 A.5 给出了该流程执行工作说明。

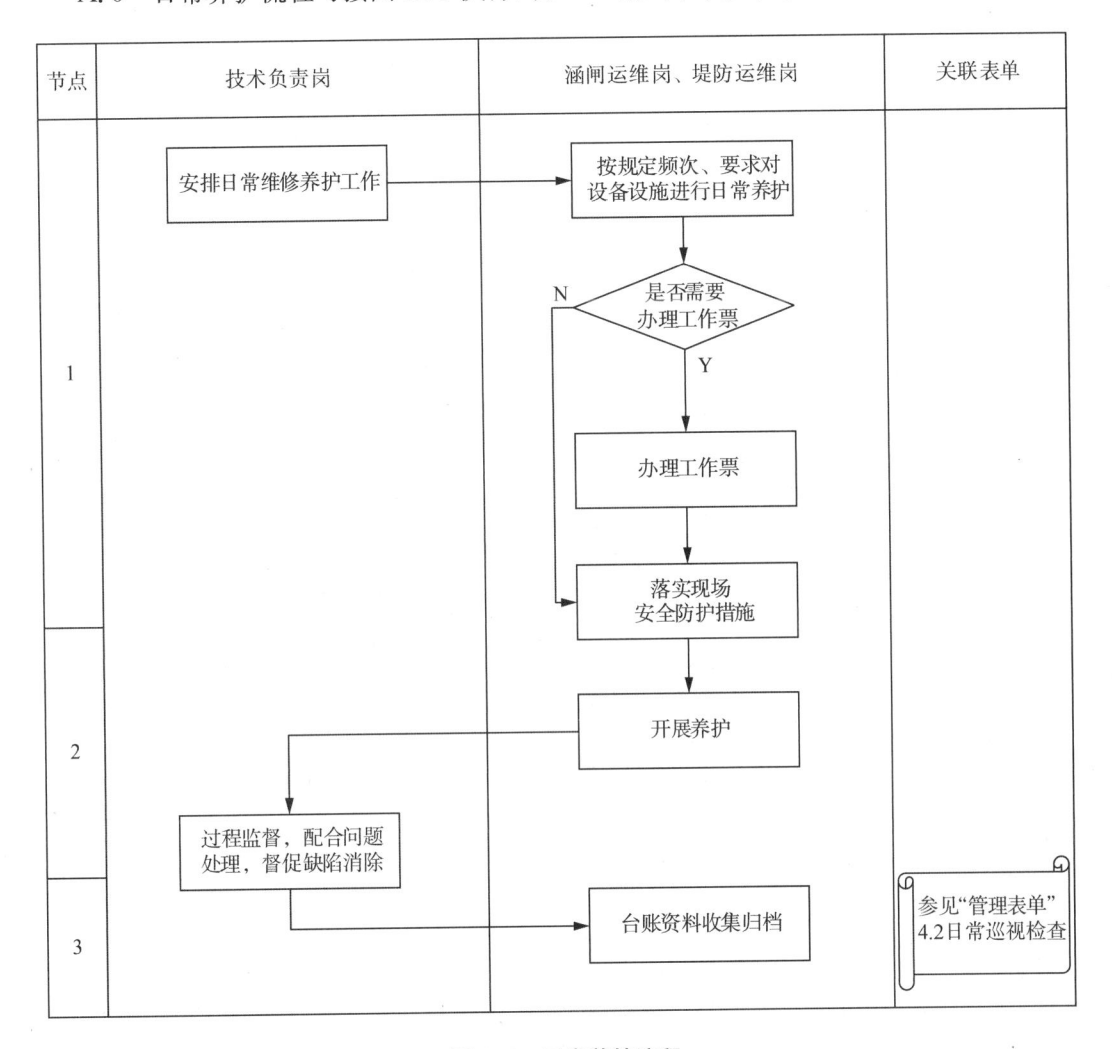

节点	技术负责岗	涵闸运维岗、堤防运维岗	关联表单
1	安排日常维修养护工作 →	按规定频次、要求对设备设施进行日常养护 ↓ 是否需要办理工作票 N/Y ↓ 办理工作票 ↓ 落实现场安全防护措施	
2		开展养护	
3	过程监督,配合问题处理,督促缺陷消除	台账资料收集归档	参见"管理表单"4.2日常巡视检查

图 A.5 日常养护流程

表 A.5 日常养护流程说明

	流程节点	责任岗位	工作说明
1	日常养护工作开展	技术负责岗	安排日常维修养护工作。
		涵闸运维岗、堤防运维岗	根据工作分配,按规定频次、要求对设备设施进行日常养护工作。
		涵闸运维岗	需要办理工作票的作业及时填写工作票,按要求落实现场安全防护措施,全部工作完毕后,拆除全部安全措施,工作票终结。
2	养护作业	涵闸运维岗、堤防运维岗	对设备设施进行日常养护。
		技术负责岗	对养护过程进行监督,督促问题整改。
3	台账资料收集归档	涵闸运维岗、堤防运维岗	根据养护的实施内容和所发现的问题,及时填写相关记录。

A.6 维修项目申报流程可按图 A.6 执行,表 A.6 给出了该流程执行工作说明。

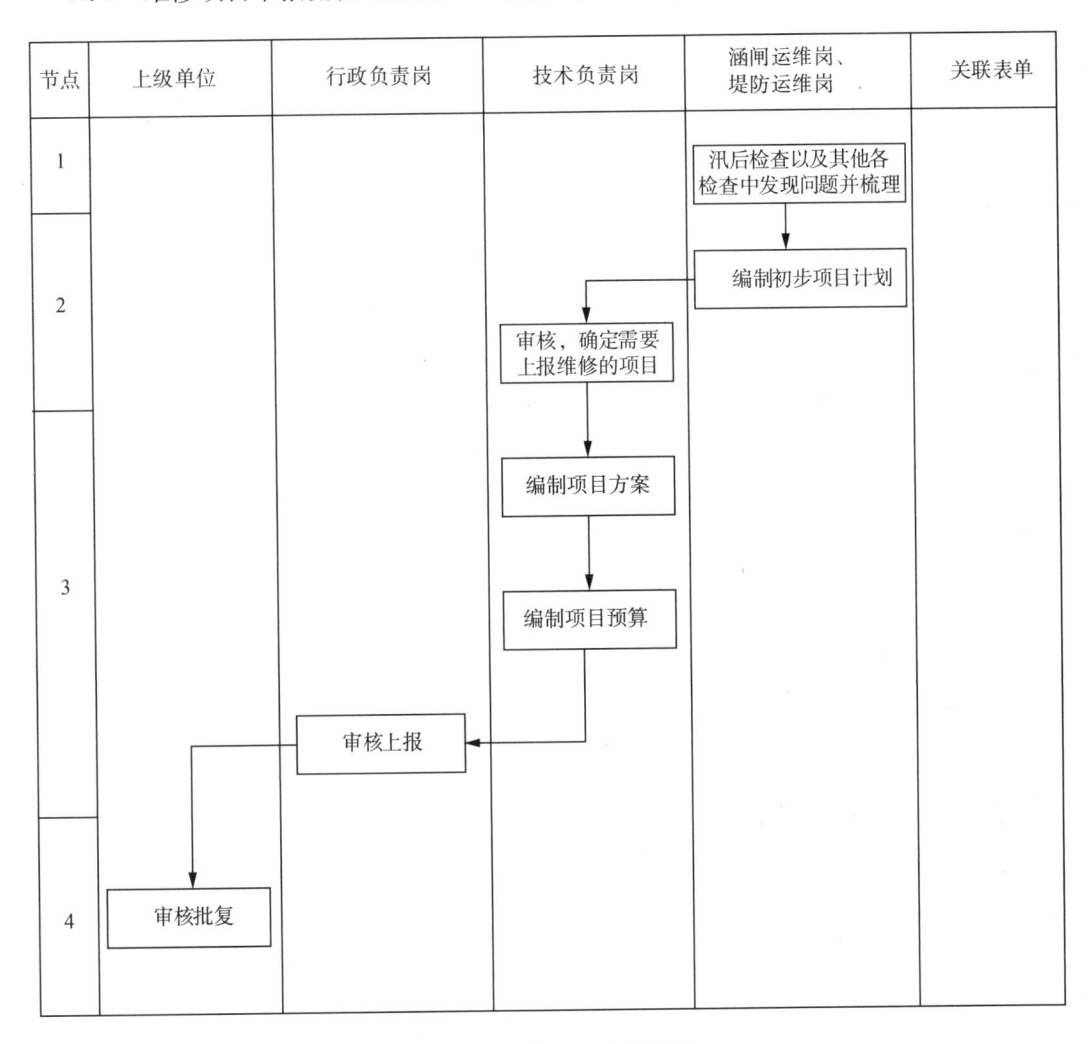

节点	上级单位	行政负责岗	技术负责岗	涵闸运维岗、堤防运维岗	关联表单
1				汛后检查以及其他各检查中发现问题并梳理	
2			审核,确定需要上报维修的项目	编制初步项目计划	
3		审核上报	编制项目方案 编制项目预算		
4	审核批复				

图 A.6 维修项目申报流程

表 A.6　维修项目申报流程说明

	流程节点	责任岗位	工作说明
1	问题梳理	涵闸运维岗、堤防运维岗	每年11月底前,根据汛后检查、工程运行及各类检查情况梳理工程存在问题,制定初步项目计划。
2	维修养护项目确定	技术负责岗	对初步项目计划进行审查,确定需要上报维修养护项目解决的问题。
3	编制项目方案和预算	技术负责岗	编制项目方案和项目预算,其中技术难度较大或施工工艺复杂项目可以委托有相应资质的单位编制技术方案。
		行政负责岗	对项目方案和项目预算进行审核、上报。
4	审批	上级单位	上级单位对上报项目进行审批。

A.7 维修项目实施流程可按图 A.7 执行,表 A.7 给出了该流程执行工作说明。

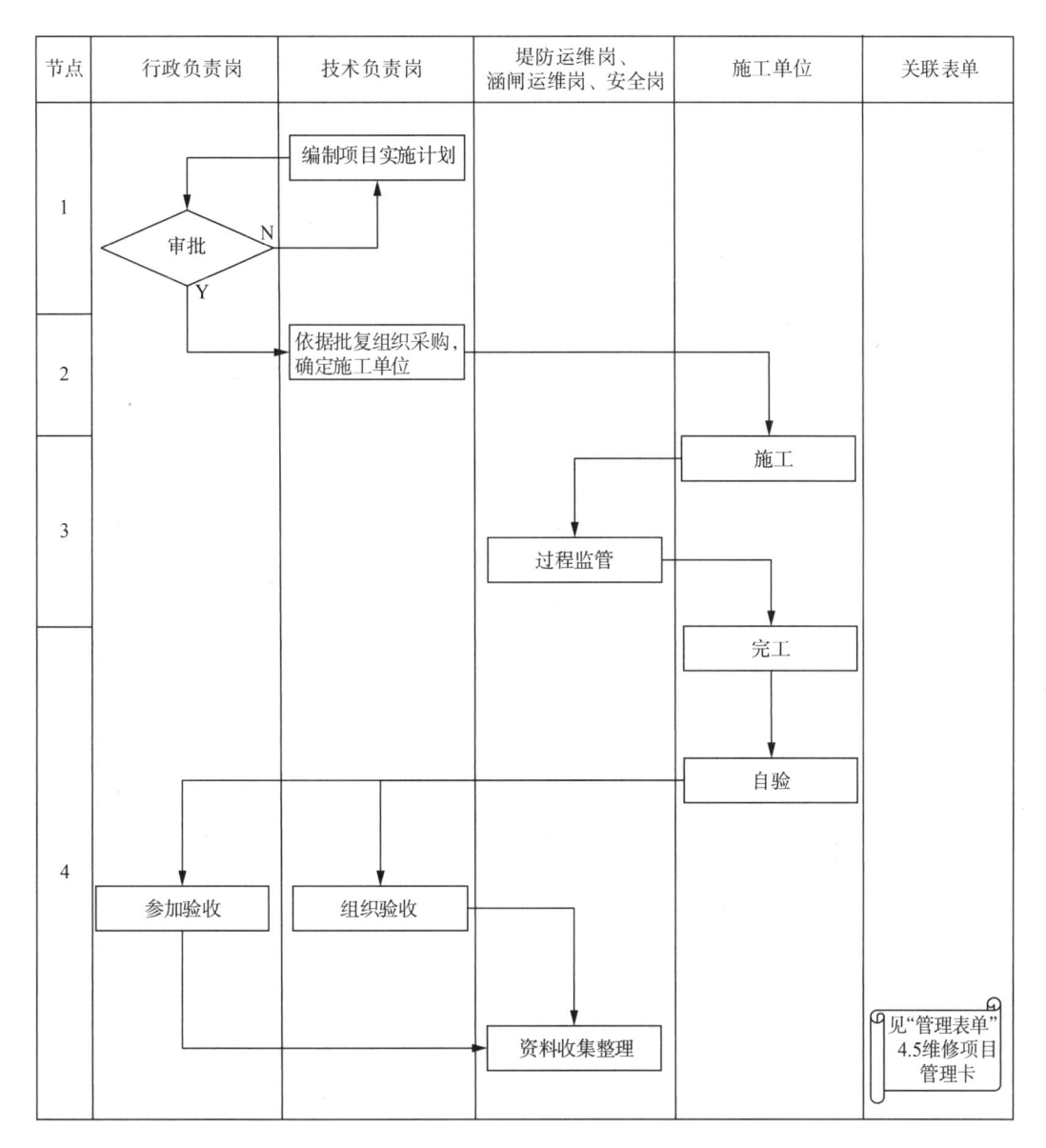

节点	行政负责岗	技术负责岗	堤防运维岗、涵闸运维岗、安全岗	施工单位	关联表单
1	审批 (N→编制项目实施计划；Y↓)	编制项目实施计划			
2		依据批复组织采购，确定施工单位		施工	
3			过程监管	完工 / 自验	
4	参加验收	组织验收	资料收集整理		见"管理表单" 4.5维修项目管理卡

图 A.7 维修项目实施流程

表 A.7 维修项目实施流程说明

	流程节点	责任岗位	工作说明
1	实施计划编制	技术负责岗	项目下达后 15 个工作日,完成项目实施计划编制,包括实施方案、采购方式、工期、预算等。
		行政负责岗	审查批复。
2	确定施工单位	技术负责岗	依据批复,按照采购程序确定施工单位。
3	项目施工	施工单位	按合同内容组织施工。
		涵闸运维岗、堤防运维岗、安全岗	开展安全管理、进度管理、质量管理等现场监管,参照《水利工程施工质量检验与评定规范》等相关验收标准进行质量检验;按照合同约定,及时进行阶段验收,支付合同经费。
4	项目验收	施工单位	完工后,自验合格,完成合同结算,报管理站验收。
		涵闸运维岗、堤防运维岗	收集整理项目管理资料,形成项目管理卡。
		技术负责岗	组织验收。
		行政负责岗	行政负责岗及相关部门参加验收。

A.8 河面保洁流程可按图 A.8 执行,表 A.8 给出了该流程执行工作说明。

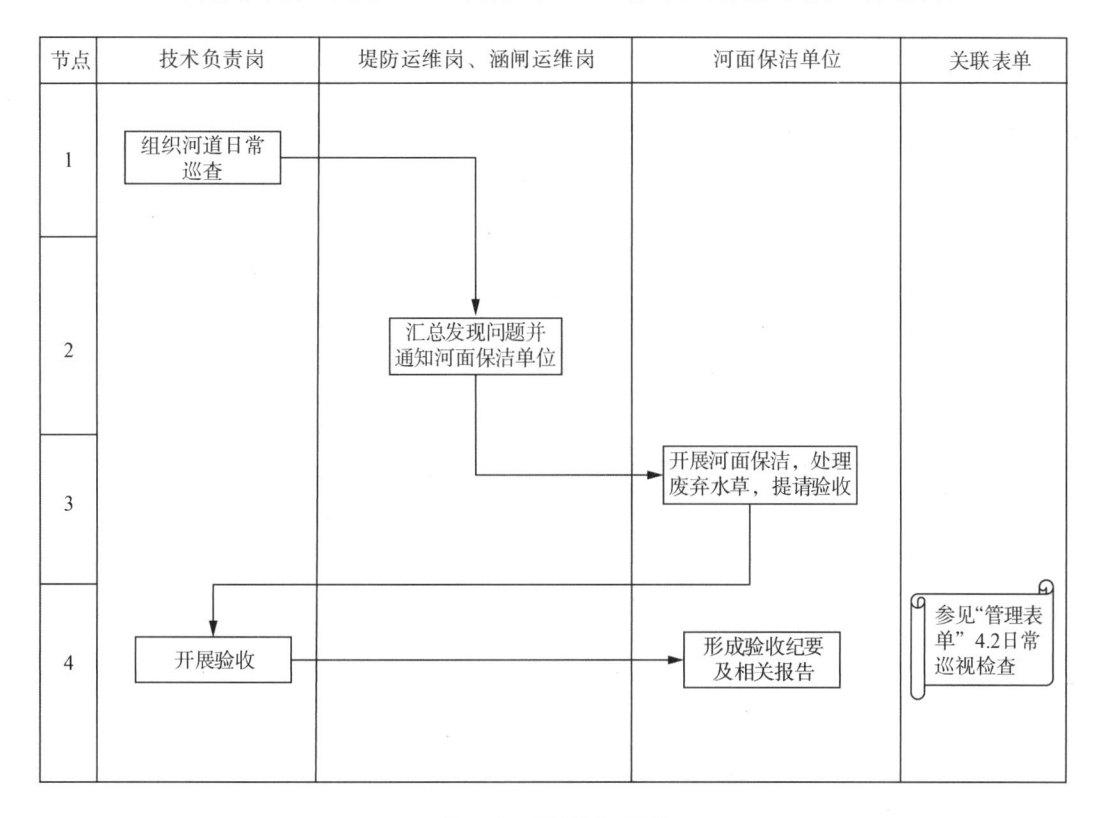

节点	技术负责岗	堤防运维岗、涵闸运维岗	河面保洁单位	关联表单
1	组织河道日常巡查			
2		汇总发现问题并通知河面保洁单位		
3			开展河面保洁,处理废弃水草,提请验收	参见"管理表单" 4.2 日常巡视检查
4	开展验收		形成验收纪要及相关报告	

图 A.8 河面保洁流程

表 A.8 河面保洁流程说明

	流程节点	责任岗位	工作说明
1	组织河道日常巡查	技术负责岗	组织运行班组进行每日的河道巡查工作,在输水运行期及汛期,每天巡查1次,当河道水位达到警戒水位时,按照防汛预案要求加密巡查频次;非运行期或非汛期,每周检查2次。
2	汇总发现问题并组织整改	堤防运维岗、涵闸运维岗	项目副经理汇总运行班组日常巡查中所发现的水面问题,组织鸿基公司开展水草打捞、水面垃圾清理。
3	开展河面保洁	河面保洁单位	及时打捞河面水草、垃圾等,并集中处理,处理完成后提请项目部验收。
4	开展河面保洁验收	技术负责岗	对现场河面保洁情况进行验收。
		河面保洁单位	形成验收纪要及相关报告。

附录 B 综合管理流程

B.1 物资采购入库流程可按图 B.1 执行，表 B.1 给出了该流程执行工作说明。

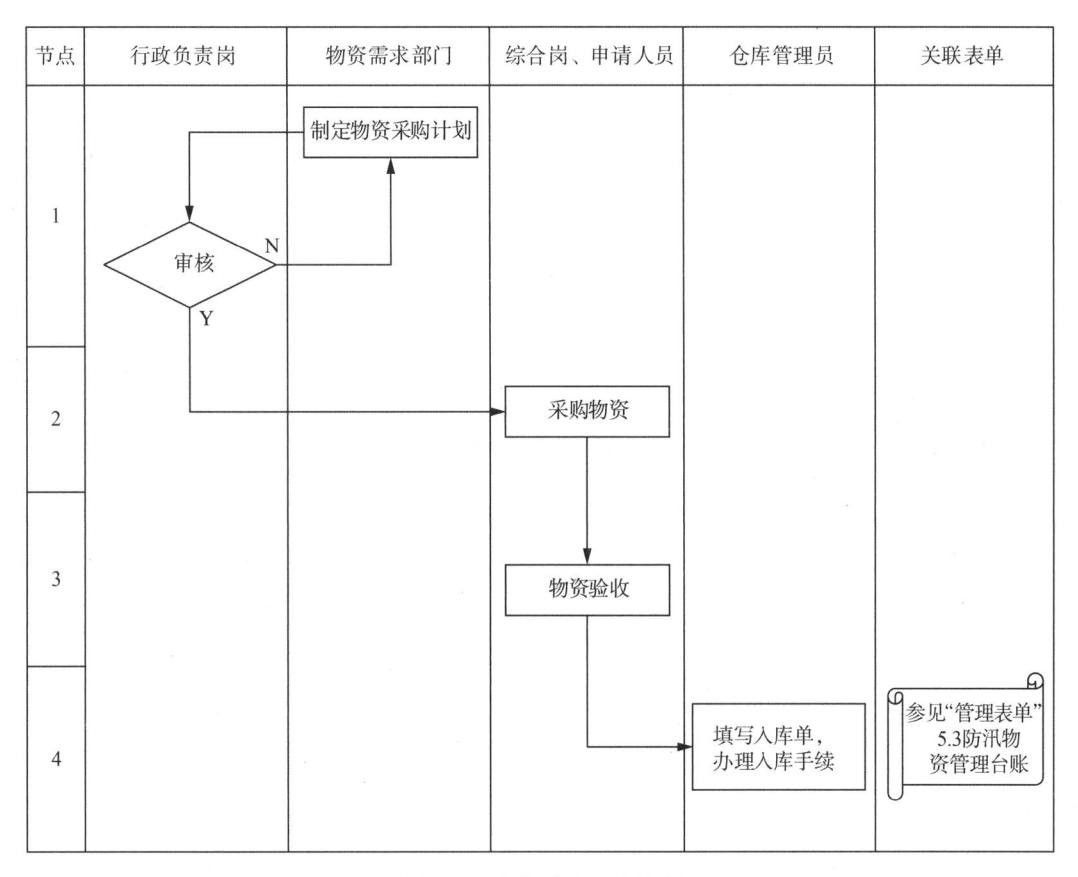

节点	行政负责岗	物资需求部门	综合岗、申请人员	仓库管理员	关联表单
1	审核（Y/N）	制定物资采购计划			
2			采购物资		
3			物资验收		
4				填写入库单，办理入库手续	参见"管理表单" 5.3 防汛物资管理台账

图 B.1 物资采购入库流程

表 B.1 物资采购入库流程说明

流程节点		责任岗位	工作说明
1	制定采购计划	物资需求部门	1. 根据需求及时制定物资采购计划。 2. 物资包括防汛物资、备品备件、工器具、劳动保护用品以及低值易耗品、周转材料等,采购计划内容包括:物资名称、规格、型号、数量、预算、采购方式等。
	采购计划审核	行政负责岗	审核并批准。
2	组织采购	综合岗	根据审核同意的物资采购计划,按照采购办法,确认供货商。
3	物资验收	综合岗、申请人员	物资到场后进行验收,检查质保书、合格证、说明书、装箱单等资料,验收完成后一并留存。
4	清点入库	综合岗、仓库管理员	验收合格后,物资交由仓库管理员,及时存入物资仓库,并入账、上卡,存放整齐并做好防护保管工作,需做到账、卡、物相符。

B.2 物资出库流程可按图 B.2 执行,表 B.2 给出了该流程执行工作说明。

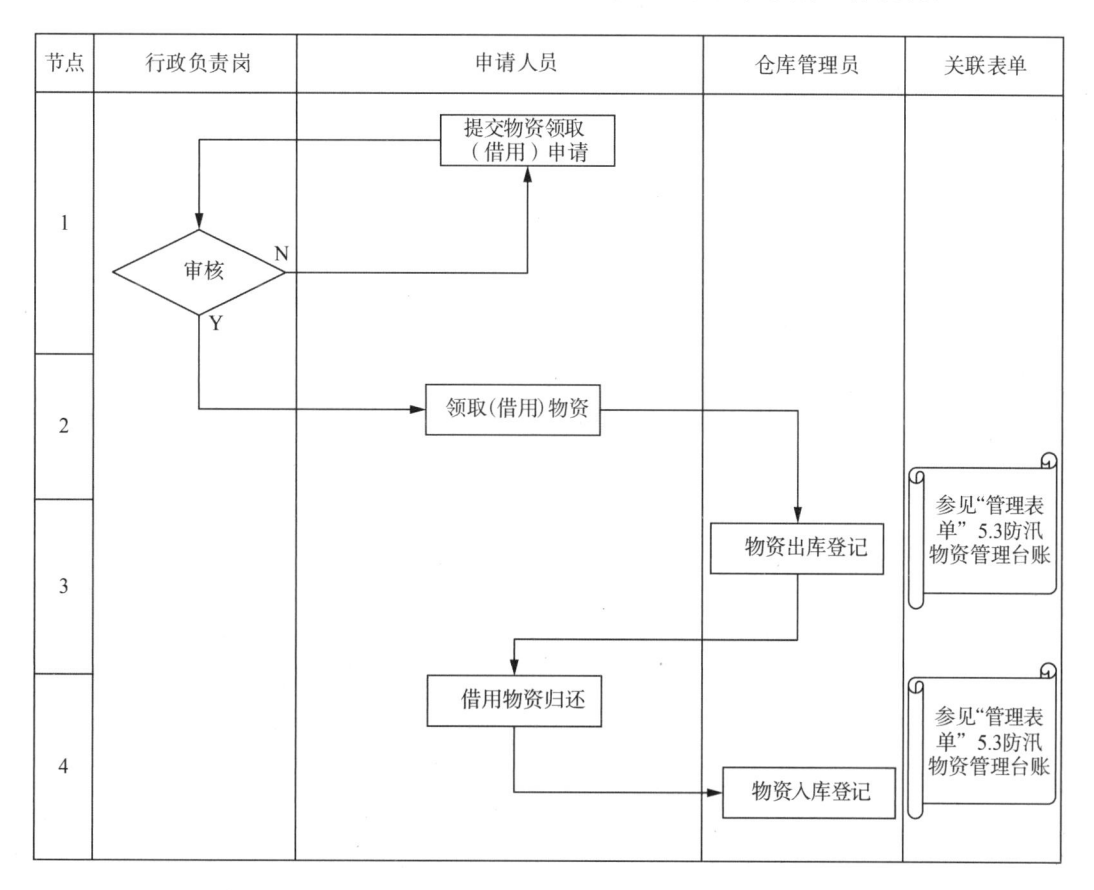

节点	行政负责岗	申请人员	仓库管理员	关联表单
1	审核 (Y/N)	提交物资领取（借用）申请		
2		领取(借用)物资		参见"管理表单" 5.3防汛物资管理台账
3			物资出库登记	
4		借用物资归还	物资入库登记	参见"管理表单" 5.3防汛物资管理台账

图 B.2 物资出库流程

表 B.2　物资出库流程说明

	流程节点	责任岗位	工作说明
1	提交申请	申请人员	填写领料单或借用单。
2	审核及领用	行政负责岗	审核批复。
		申请人员	领取或借用物资。
3	出库	仓库管理员	1. 仓库管理员根据领料单审批同意的物资品名、数量、规格型号办理物资出库手续，做好出库登记。 2. 借出物资在借用前对其进行全面检查，记录借出时状态。
4	退库或收回	申请人员	归还借用的物资。
		仓库管理员	1. 多余物资及时退库，不得私自存储，仓库管理员及时做好清点入库工作，更新出入库记录。 2. 借出物资收回后，及时对物资进行检查，对比借出前状态，如存在不合理使用等原因造成的物资损坏情况，追究借用人责任。

B.3 职工培训流程可按图 B.3 执行,表 B.3 给出了该流程执行工作说明。

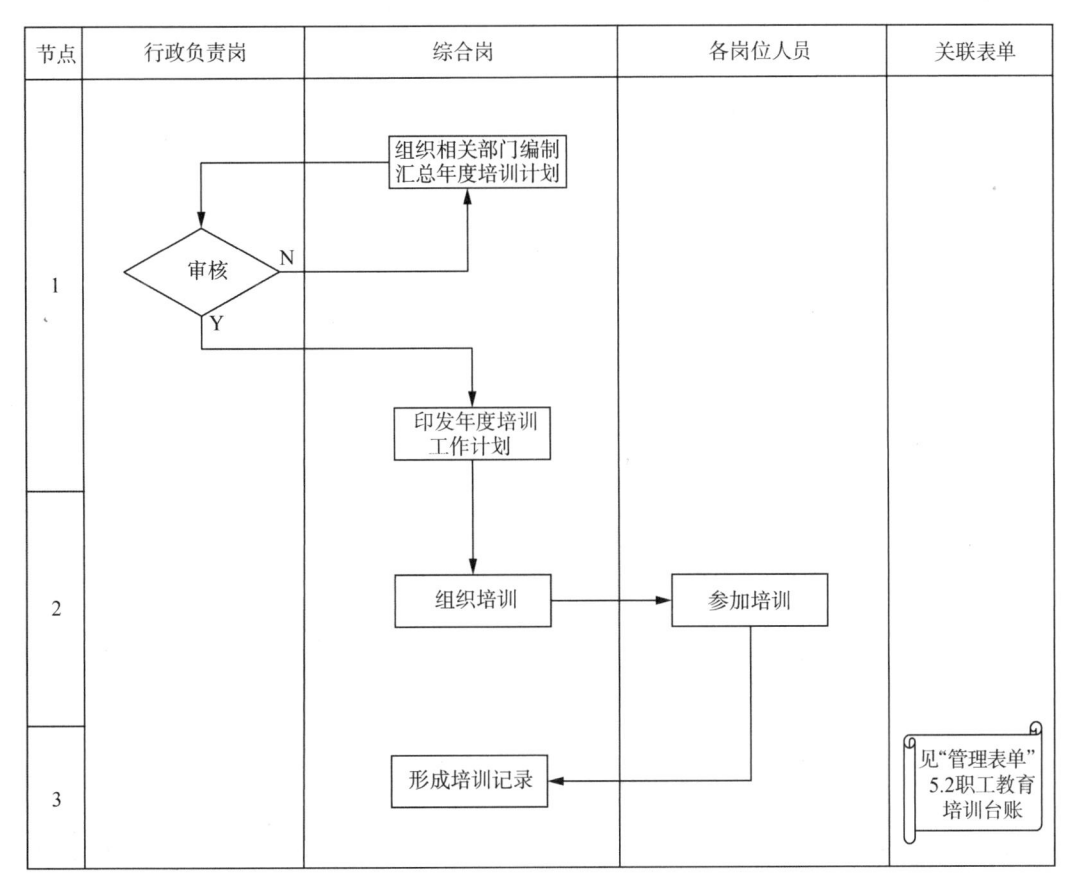

节点	行政负责岗	综合岗	各岗位人员	关联表单
1	审核 N→ / Y↓	组织相关部门编制汇总年度培训计划 / 印发年度培训工作计划		
2		组织培训	参加培训	
3		形成培训记录		见"管理表单"5.2职工教育培训台账

图 B.3 职工培训流程

表 B.3 职工培训流程说明

	流程节点	责任岗位	工作说明
1	编制培训计划	综合岗	每年1月,综合岗根据培训需求,制订年度培训计划,包括培训目的、人员、内容、时间、培训方式等。
		行政负责岗	审核后印发。
2	组织培训	相关部门	按照培训计划,组织开展职工培训。
3	编制培训记录	综合岗	收集整理培训过程资料,形成培训记录。

附录 C 安全管理流程

C.1 危险源辨识和风险评价流程可按图 C.1 执行,表 C.1 给出了该流程执行工作说明。

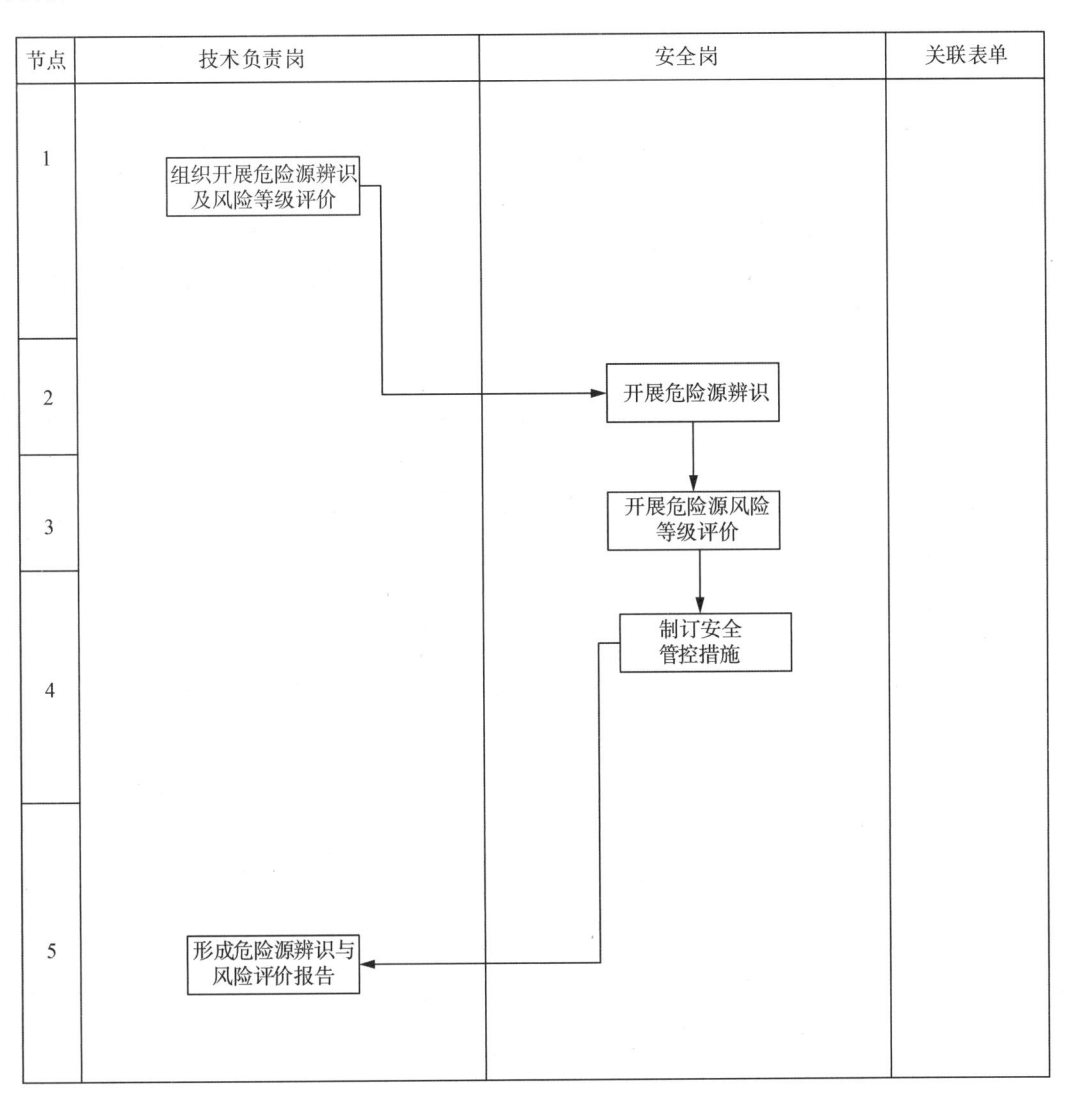

节点	技术负责岗	安全岗	关联表单
1	组织开展危险源辨识及风险等级评价		
2		开展危险源辨识	
3		开展危险源风险等级评价	
4		制订安全管控措施	
5	形成危险源辨识与风险评价报告		

图 C.1 危险源辨识和风险评价流程

表 C.1　危险源辨识和风险评价流程说明

	流程节点	责任岗位	工作说明
1	组织、开展危险源辨识及风险等级评价	技术负责岗	根据《水利部办公厅关于印发水利水电工程(水库、水闸)运行危险源辨识与风险评价导则(试行)的通知》(办监督函〔2019〕1486号)要求组织、开展河道工程运行危险源辨识,评估风险等级。
2	开展危险源辨识	安全岗	1. 危险源应由在工程运行管理和(或)安全管理方面经验丰富的专业人员及基层管理人员(技术骨干),采用科学、有效及相适应的方法进行辨识,对其进行分类和分级,汇总制订危险源清单,并确定危险源名称、类别、级别、事故诱因、可能导致的事故等内容,必要时可进行集体讨论或专家技术论证。 2. 危险源辨识应优先采用直接判定法。
3	开展危险源风险等级评价	安全岗	1. 危险源风险评价是对危险源在一定触发因素作用下导致事故发生的可能性及危害程度进行调查、分析、论证等,以判断危险源风险程度,确定风险等级的过程。 2. 危险源风险评价方法主要有直接评定法、作业条件危险性评价法(LEC法)、风险矩阵法(LS法)等。 3. 对于重大危险源,其风险等级应直接评定为重大风险;对于一般危险源,其风险等级应结合实际,选取适当的评价方法确定。
4	制订安全管控措施	安全岗	根据危险源辨识与风险评价结果,对危险源制定安全管理制度、技术及管理措施等。
5	形成危险源辨识与风险评价报告	安全岗	根据危险源辨识、风险评价等级结果及办监督函〔2019〕1486号文件要求,形成危险源辨识与风险评价报告。

C.2 安全检查(隐患排查)流程可按图 C.2 执行,表 C.2 给出了该流程执行工作说明。

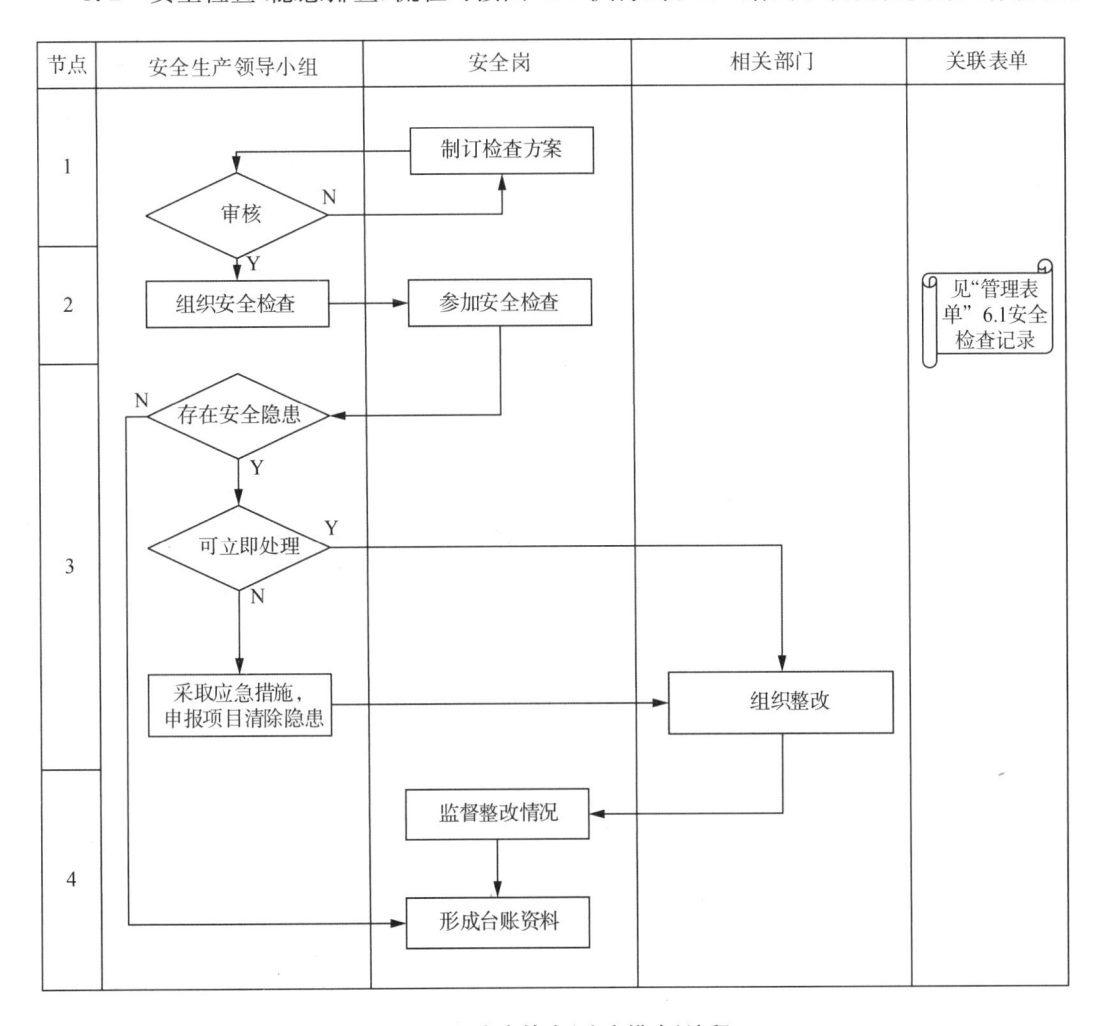

节点	安全生产领导小组	安全岗	相关部门	关联表单
1	审核 ← 制订检查方案 (N 返回)			
2	组织安全检查 (Y) → 参加安全检查			见"管理表单"6.1安全检查记录
3	存在安全隐患 (N)↓ 可立即处理 (N)↓ 采取应急措施,申报项目清除隐患	(Y)	组织整改	
4	← 形成台账资料	监督整改情况 ↓ 形成台账资料		

图 C.2 安全检查(隐患排查)流程

表 C.2 安全检查(隐患排查)流程说明

流程节点		责任岗位	工作说明
1	编制方案	安全岗	1. 安全检查包括定期安全检查(每月一次)、节假日安全检查、专项安全检查(消防等)。 2. 安全员依据检查目的制订检查方案,包括时间、人员、检查内容。
		安全生产领导小组	审核检查方案。
2	安全检查	安全生产领导小组	根据检查方案,分工开展检查。
		安全岗	参与安全检查。
3	隐患整改	安全生产领导小组	1. 对于检查发现的问题,能立即整改的,立即整改;一时不能整改的,及时上报,影响工程及人身安全的应落实应急措施;需立项申请资金的项目,由管理所编制项目立项申请和整改方案。 2. 安全员全程参与跟踪安全隐患整改情况。必要时,管理所对隐患整改情况进行复查。
4	资料归档	安全岗	收集整理资料,形成检查、整改记录。

C.3 应急预案管理流程可按图 C.3 执行,表 C.3 给出了该流程执行工作说明。

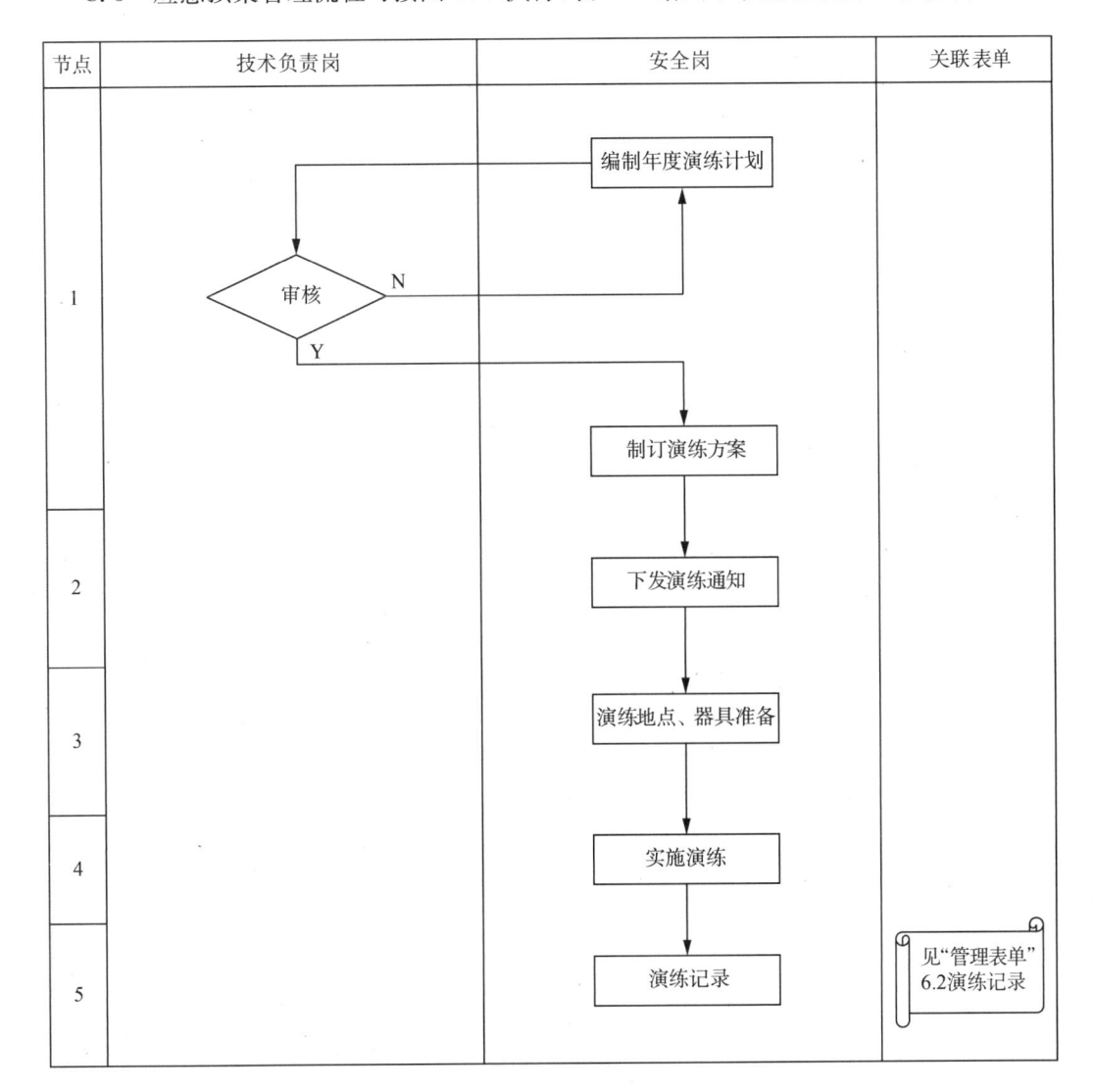

节点	技术负责岗	安全岗	关联表单
1		编制年度演练计划 → 审核(N回到编制；Y下一步)	
2		制订演练方案 → 下发演练通知	
3		演练地点、器具准备	
4		实施演练	
5		演练记录	见"管理表单"6.2 演练记录

图 C.3 应急预案管理流程

表 C.3 应急预案管理流程说明

流程节点		责任岗位	工作说明
1	编制计划	安全岗	1. 防汛演练每年汛前至少 1 次;反事故预案演练每年 1 次;消防演练每年 1 次。 2. 编制年度防汛、反事故预案演练计划,包括演练目的、参与人员、演练内容、时间、地点、经费等。
		技术负责岗	审核。
2	下发演练通知	安全岗	按演练方案时间、地点进行通知,参加演练人员做好准备工作。
3	演练准备	安全岗	按演练方案内容,做好演练器具及现场准备。
4	现场演练	管理所所有人员	按演练方案及时进行演练,情景假设务求合理、完整,参与人员认真参与。
5	演练记录	安全岗	及时做好演练过程的文字和影像记录,完成演练记录。

C.4 事故报告流程可按图 C.4 执行,表 C.4 给出了该流程执行工作说明。

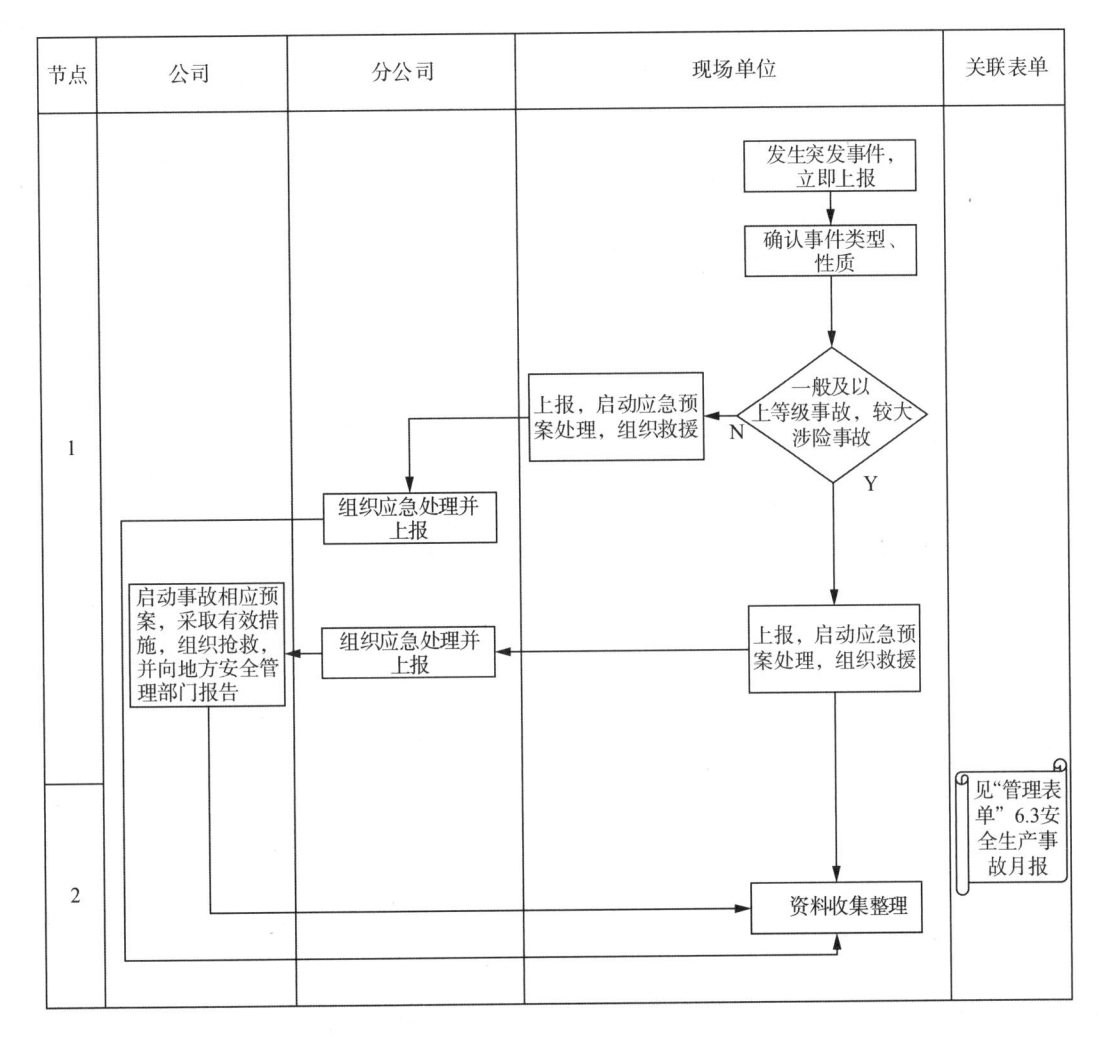

节点	公司	分公司	现场单位	关联表单
1		组织应急处理并上报	发生突发事件,立即上报 → 确认事件类型、性质 → 一般及以上等级事故,较大涉险事故 (N: 上报,启动应急预案处理,组织救援; Y: 上报,启动应急预案处理,组织救援)	
2	启动事故相应预案,采取有效措施,组织抢救,并向地方安全管理部门报告	组织应急处理并上报	资料收集整理	见"管理表单"6.3 安全生产事故月报

图 C.4 事故报告流程

表 C.4 事故报告流程说明

	流程节点	责任人	工作说明
1	事故报告	现场单位	发生突发事件后,应立即确认事件类型,并判断事件是否为一般等级以上事故或较大涉险事故,立即组织人员处理,启动应急预案,采取有效措施,防止事故扩大,同时及时、准确、完整地向分公司报告。
		分公司	收到现场单位的报告后,立即组织应急处理,并及时、准确、完整地向公司报告,事故报告后出现新情况的,及时补报。
		公司	收到分公司的报告后,如事件是一般等级以上事故或较大涉险事故,启动相应预案,采取有效措施,组织救援,并在1小时内向事故发生地县级以上人民政府安全监督管理部门报告。
2	事故等级	现场单位	将事故发生时间、地点、发现人员、过程、应急处理、事故调查结果等资料收集,填写安全生产事故登记表。
		公司	配合国务院、省级人民政府组织的事故调查组对特别重大、重大事故调查,调查结果上报上级单位和当地安全生产监管部门。

管理表单

1　范围

本标准规定了南水北调东线江苏水源有限责任公司辖管河道工程现场管理单位的工程、综合、安全管理等工作中记录表单的表式。

本标准适用于南水北调东线江苏水源有限责任公司辖管河道工程,类似工程可参照执行。

2　规范性引用文件

下列文件中的内容通过文中的规范性引用而构成本文件必不可少的条款。其中,注日期的引用文件,仅该日期对应的版本适用于本文件;不注日期的引用文件,其最新版本(包括所有的修改单)适用于本文件。

南水北调江苏水源公司工程维修养护项目管理办法(2020年修订)

3　术语和定义

本文件没有需要界定的术语和定义。

4　工程管理表单

4.1　定期检查表单(表1)

4.1.1　基本要求

（1）本表主要用于记录河道定期检查的汇总情况。

（2）工程管理定期检查原则上由单位行政负责岗组织,单位技术负责岗牵头负责,涵闸运维岗与堤防运维岗人员参加。

（3）定期检查频次每年两次,分别为汛前定期检查与汛后定期检查,定期检查时间节点分别为4月30日、10月31日。

（4）各单位应严格按照有关技术规范要求,开展全面细致的各项检查调试,如实做好检查记录,发现问题及时处理。

4.1.2　填表说明

（1）项目部可根据河道实际情况选择相应表单和对定期检查表单检查项目进行增减。

（2）本表用来记录河道定期检查结果,每年汛前、汛后各记录一次,并形成定期检查台账。

（3）技术负责人、检查人员应在表单底部签名,签名应手签,不得用简称及代签,字迹应工整。

（4）检查人员应将检查表汇总收集,集中管理,并按照档案管理规定妥善保存。

表1 河道堤防定期检查记录表

工程名称：		桩号：	天气：
检查部位	检查内容		检查结果
河道水面	河面有无明显漂浮物,有无阻水或影响工程输水、排涝等异常情况		
	河道沿线有无排污口,水质有无明显异常		
堤身外观	堤身断面及堤顶高程是否符合设计标准		
	堤顶:是否坚实平整,堤肩线是否顺直;有无凹陷、裂缝、残缺,相邻两堤段之间有无错动;是否存在硬化堤顶与土堤或垫层脱离现象;堤顶道路是否平整畅通,满足防汛抢险需要		
	堤坡:是否平顺,有无雨淋沟、滑坡、裂缝、塌坑、洞穴,有无杂物、垃圾堆放,有无害堤动物洞穴和活动痕迹,有无渗水;排水沟是否完好、顺畅,排水孔是否顺畅,渗漏量有无变化等		
	堤脚:有无隆起、下沉,有无冲刷、残缺、洞穴		
堤身内部	堤身内部有无洞穴、裂缝和软弱层存在		
堤岸防护	护坡	坡面是否平整、完好,有无松动、塌陷、脱落、架空、垫层淘刷等现象	
		护坡有无杂草、杂树、杂物	
		坡面是否发生局部侵蚀剥落、裂缝或破碎老化,排水孔是否畅通	
	岸墙	混凝土墙体相邻段有无错动	
		变形缝开合和止水是否正常	
		墙顶、墙面有无裂缝、溶蚀,排水孔是否顺畅	
		墙面是否发生侵蚀剥落、裂缝或破碎老化,排水孔是否顺畅	
护堤地和堤防工程保护范围	背水堤脚以外有无管涌、渗水		
	有无违章建筑、违章种植、违章养殖,有无杂物、垃圾堆放等;有无爆破、打井、采矿、取土、采石等行为		
穿(跨)堤建筑物	穿(跨)堤建筑物与堤防的接合是否紧密,有无渗水、裂缝、坍塌等		
	穿(跨)堤建筑物有无损坏,穿堤建筑物变形缝有无错动、渗水、断裂		
	穿堤建筑物机电设备是否完好、使用正常		
	跨堤建筑物支墩与堤防的接合部有无不均匀沉陷、裂缝、空隙等		

续表

检查部位	检查内容	检查结果
附属设施	防渗及排水设施是否完好、畅通,有无堵塞、破损现象	
	堤顶道路限高、限载设施是否完好	
	界桩、界牌、百米桩、里程碑、宣传简介牌、警示标识标牌等是否齐全完好,埋设牢固	
	河道沿线防护围栏是否完好无缺损,救生圈等设施是否齐全完好,满足河道安全管理要求	
	安全监测设施是否完好,能否正常观测	
	通信及监控设施是否完好,使用是否正常	
	管理房屋及配套设施是否完好,使用是否正常	
防汛抢险设施	防汛物资及抢险机具、设备是否按要求配备齐全,状态是否完好	
	防汛仓库是否完好	
水保防护工程	护堤林带的树木有无老化缺损、明显病虫害及人为破坏现象	
	草皮护坡有无明显缺损、高秆杂草等	
结论、整改建议		

技术负责人： 检查人员： 检查日期：

4.2 日常巡视检查表单(表2)

4.2.1 基本要求

（1）工程管理日常巡视检查原则上由单位行政负责岗组织，单位技术负责岗牵头负责，涵闸运维岗与堤防运维岗人员参加。

（2）各单位应严格按照有关技术规范要求，经常对工程开展全面细致的检查，如实做好检查记录，发现问题及时处理。

（3）河道堤防在输水运行期及汛期，每天巡查1次，当河道水位达到警戒水位时，按照防汛预案要求加密巡查频次；非运行期或非汛期，每周检查2次。

4.2.2 填表说明

（1）各项目部可根据河道实际情况对检查项目进行增减。

（2）检查表必须用黑色签字笔填写，字体端正，字迹清晰，不得乱涂乱画，不得有损毁。

（3）技术负责人、检查人员应在表单底部签名，签名应手签，不得用简称及代签，字迹应工整。

表2　日常检查记录表

工程名称：		桩号：	天气：	
序号	检查部位	检查内容		检查结果
一	8:00河道水位(m)			
二	河道堤防			
1	堤身	有无裂缝、坑洞、塌陷		
2	迎水坡	有无裂缝、滑坡、塌陷、淘刷等现象		
3	背水坡	有无异常渗水等现象		
4	防渗及排水设施	有无破损、淤塞现象		
5	河面	河面保洁工作是否正常开展,有无水草、杂物等障碍物聚集		
6	堤顶道路	堤顶道路是否平整畅通		
三	涵闸运行情况	涵闸是否正常关闭		
四	河道水质情况	水质是否正常,沿线有无排污等现象		
五	管理及保护范围	有无违规违章行为		
六	工程附属设施	是否齐全完好		
七	水保防护设施	有无缺失、倒伏、病虫害等现象		
具体存在的问题及处理意见：				

技术负责人：　　　　　　检查人员：　　　　　　检查日期：

4.3 特别检查表单(表3)

4.3.1 基本要求

(1) 当发生洪水、暴雨、台风、地震等工程非常运用情况和发生重大事故时,应及时进行特别检查。必要时应报请上级主管部门组织有关单位共同检查。

(2) 特别检查主要检查内容包括:事前检查和事后检查。事前检查是指在洪水、暴雨、台风到来前,应对防洪、防暴雨、防台风的各项准备工作和堤防工程存在的问题及可能出险的部位进行检查。事后检查应检查洪水、暴雨、台风、地震等工程非常运用及发生重大事故后堤防工程及附属设施的损坏和防汛料物及设备动用情况。

4.3.2 填表说明

(1) 各项目部可根据河道实际情况对检查项目进行增减。

(2) 检查表必须用黑色签字笔填写,字体端正,字迹清晰,不得乱涂乱画,不得有损毁。

(3) 技术负责人、检查人员应在表单底部签名,签名应手签,不得用简称及代签,字迹应工整。

表3 堤防工程特别检查记录表

工程名称：		桩号：	天气：
检查内容		检查结果	备注（具体情况说明）
事前检查：防洪、防暴雨、防台风的各项准备工作，堤防工程容易出险部位和堤防工程现存问题			
事后检查：洪水、暴雨、台风、地震等工程非常运用及发生重大事故后堤防工程及附属设施的损坏和防汛料物及设备动用情况			

技术负责人： 检查人员： 检查日期：

4.4 工程观测记录表单

4.4.1 河道断面桩顶高程考证表(表4)

(1) 基本要求

本表适用于河床断面桩顶高程考证时填写。

(2) 术语与定义

① 断面编号:断面编号按上游至下游编列,以 C.S.n XXX+XXX 表示,n 表示断面的顺序,XXX+XXX 表示河道断面里程桩号。

② 位置:位置为断面桩所在河道部位。

③ 埋设日期:埋设日期为断面桩埋设的日期。

④ 观测日期:观测日期为本次桩顶高程考证的日期。

⑤ 桩顶高程:桩顶高程为本次河床断面高程考证的左(右)岸桩顶高程数据。

⑥ 断面宽:断面宽为断面上左右岸桩顶之间的距离。

(3) 填表说明

① 高程数据保留 4 位小数,单位 m。

② 断面宽保留 1 位小数,单位 m。

4.4.2 河道断面观测成果表(表5)

(1) 基本要求

本表适用于编制河床断面成果时填写。

(2) 术语与定义

① 断面编号:断面编号按上游至下游编列,以 C.S.nXXX+XXX 表示,n 表示断面的顺序,XXX+XXX 表示河道断面里程桩号。

② 观测日期:观测日期为本次河床断面观测的日期。

③ 点号:点号为从左岸断面桩开始所测数据的顺序。

④ 起点距:起点距为对应点号所在位置到左岸断面桩的距离。

⑤ 高程:高程为对应点号所在位置的高程。

(3) 填表说明

① 高程数据保留 2 位小数,单位 m。

② 起点距保留 1 位小数,单位 m。

4.4.3 河床断面冲淤量比较表(表6)

(1) 基本要求

本表适用于编制河床断面冲淤量比较表时填写。

(2) 术语与定义

① 工程竣工日期:工程竣工日期为工程竣工的日期。

② 上次观测日期:上次观测日期为上次河床断面观测日期。

③ 本次观测日期:本次观测日期为本次河床断面观测日期。

④ 计算水位:计算水位为设定的计算断面的水位。

⑤ 断面编号:断面编号按上游至下游编列,以 C.S.nXXX+XXX 表示,n 表示断面的

顺序,XXX＋XXX 表示河道断面里程桩号。

⑥ 计算水位断面宽:计算水位断面宽为在计算水位下通过计算得到的标准断面宽、上次观测断面宽和本次断面宽,单位 m。

⑦ 深泓高程:深泓高程为断面上的最低高程,分别填写标准断面深泓高程、上次观测断面深泓高程和本次断面深泓高程,单位 m。

⑧ 断面间距:断面间距为相邻两断面之间的距离,单位 m。

⑨ 河床容积:河床容积为在计算水位下相邻两断面之间的容积,计算方法为相邻两断面断面间距乘以相邻两断面断面宽之和除以二,分别填写标准断面河床容积、上次观测断面河床容积和本次断面河床容积,单位 m^3。

⑩ 间隔冲淤量:间隔冲淤量为本次观测断面河床容积减上次断面河床容积得到的值,单位 m^3。

⑪ 累计冲淤量:累计冲淤量为本次观测断面河床容积减标准断面河床容积得到的值,单位 m^3。

(3) 填表说明

① 高程数据保留 2 位小数,单位 m。

② 断面宽保留 1 位小数,单位 m。

③ 断面积、断面间距、河床容积、间隔冲淤量、累计冲淤量不保留小数。

表 4　河道断面桩顶高程考证表

断面编号	里程桩号	位置	埋设日期	观测日期	桩顶高程(m) 左岸	桩顶高程(m) 右岸	断面宽(m)	备注

表 5　河道断面观测成果表

断面编号			里程桩号			观测日期		
点号	起点距(m)	高程(m)	点号	起点距(m)	高程(m)	点号	起点距(m)	高程(m)

表 6 河床断面冲淤量比较

填报单位:(盖章)   填报时间:年 月 日

断面编号	工程竣工日期	里程桩号	上次观测日期						本次观测日期				断面间距(m)	计算水位 河床容积(m³)			间隔冲淤量(m³)	累计冲淤量(m³)
			计算水位 断面宽(m)		深泓高程(m)			断面面积(m²)				标准断面	上次观测	本次观测		
			标准断面	上次观测	本次观测	标准断面	上次观测	本次观测	标准断面	上次观测	本次观测							

4.5　维修项目管理卡

维修项目管理卡格式举例如下。

项目编号：

江苏南水北调工程维修项目管理卡

项目名称：<u>应与公司、分公司批复经费计划项目名称一致</u>

批准文号：<u>公司、分公司经费计划的批复</u>

分公司：_____

项目实施单位：<u>具体承担维修任务的单位</u>

项目负责人：<u>现场管理单位的项目负责人</u>

验收时间：_____

现场管理单位（盖章）

填写说明

1. 为了规范和加强江苏南水北调工程维修项目管理,工程维修项目从实施准备起应按项目建立"维修项目管理卡"。项目管理卡由现场管理单位负责填写与整编,项目管理卡一式两份,分公司、现场管理单位各留存一份,归入工程管理档案长期保存。

2. 项目编号按"工程简称—维修—年份—维修序号"格式进行统一编号,例如泗洪站为:SHZ—WX—2020—001、SHZ—WX—2020—002等。

3. 项目实施方案审批表。按照审批权限确定审批单位,实施方案作为审批表的附件一并上报,项目验收时一并归档备查。项目实施方案审批也可以采用表格或公文形式。

项目实施方案应详细说明项目实施准备情况,包含以下内容:(1)项目概况,包括工程概况、维修缘由、主要维修内容等;(2)项目组织和建设管理,包括组织机构、质量管理、安全管理、进度管理、资金管理、合同管理、档案管理等;(3)具体实施方案,包括项目实施单位选择、主要施工方法等;(4)施工期间对工程运行的影响及采取的措施等;(5)附件,包括工程现状照片和招标文件。

4. 项目预算编制。项目预算按水利工程预算定额及现行取费标准、市场信息价格等设备询价方式进行预算编制。

5. 维修项目必须在开工申请批准后方能实施。

6. 项目变更应办理变更手续,填写上报项目变更申请单,批准后方可变更。变更审批也可以采用表格或公文形式。

7. 项目实施情况记录主要记载项目实施过程中的重要事项,包括质量检查记录、安全检查记录。参照江苏省《水利工程施工质量检验与评定规范》等相关验收标准进行质量检验,现场管理单位应督促实施单位进行质量自评,填写质量检验记录表,重点加强关键工序、关键部位和隐蔽工程的质量管理工作。采购项目可使用产品合格证等证明资料替代质量检查等记录。如有上级单位检查项目实施情况,需将检查情况与整改情况附后。

8. 项目决算,按照财政部《基本建设项目竣工财务决算管理暂行办法》要求和项目批复文件进行项目财务决算。项目验收之前应该对项目的资金使用情况进行客观评价,有审计报告的应附审计报告。

9. 附件:项目批复文件、招投标文件、设计文件、材料设备文件、验收文件、施工文件、图片音像等与工程实施有关的资料作为管理卡附件全部整理归档。

10. 项目实施方案、完工总结须由项目负责人和技术负责人共同签字。项目预算、项目决算须由编制人和审核人签字。项目验收表须由验收组成员签字,或另附验收报告、验收纪要。

11. 如维修项目的类型为货物采购设施设备或技术服务类,项目管理卡的形式和内容可适当简化。

12. 维修工程项目完成后,现场管理单位应及时申请报验,4月底前,分公司应组织项目验收,验收通过后按要求将"维修项目管理卡"归档。维修养护项目一般应在当年年底前实施完成,对未开工的项目,公司将撤销该项目审批。已开工未在年底前完成的,分公司应上报工期调整报告,经公司批复后延期,纳入下一年项目统一管理。

13. 填写"维修项目管理卡"须认真规范,签名一律采用黑色墨水笔。

目 录

1. 项目实施方案审批表
   1.1 项目实施方案
   1.2 项目预算
2. 项目开工申请(备案)表
3. 项目变更申请单
4. 项目实施情况记录
   4.1 质量检查记录
   4.2 安全检查记录
5. 工程款支付审批表
   工程计量报验单
6. 项目验收申请
   6.1 项目完工总结
   6.2 项目决算
7. 项目验收表
8. 附件

备注:电气预防性试验、安全监测、自动化系统维护、绿化养护、供电线路等运维类项目,可省略2~7项目,提供相应的报告,分公司组织审查,相关资料放入附件。

1　项目实施方案审批表

项目编号：

---------_分公司：
　　根据批复文号批复的_____项目计划及通知要求，我单位已明确_____为项目负责人、_____为技术负责人，并制订了项目实施方案，编制了项目预算，请予审查批准。

　　附件：1. 项目实施方案
　　　　　2. 项目预算
　　　　　3. 其他（如招标文件、图纸等）

现场管理单位（盖章）
年　月　日

审批单位部门意见：

审批单位领导意见：

备注：维修项目批复后，填写实施方案审批表。

1.1 项目实施方案

1 项目概况
1.1 工程概况
1.2 维修缘由
1.3 主要维修内容
2 项目组织和建设管理
2.1 组织机构
　　项目负责人：×××
　　技术负责人：×××
　　安　全　员：×××
　　档案管理员：×××
2.2 质量管理
2.2.1 质量管理责任制：项目负责人对工程质量负总责，技术负责人具体负责质量检查与验收工作。
2.2.2 质量检验内容与标准：参照《水利工程施工质量检验与评定规范》，具体执行第____部分。
2.2.3 质量控制点
2.3 安全管理
2.3.1 安全生产责任制：安全员具体负责现场安全检查工作。项目负责人、安全员对施工安全负直接责任。
2.3.2 安全控制点：如安全员到位及巡查情况、施工现场安全围护、警示标志等，施工人员安全帽等防护用具、用电安全、机械作业安全等。
2.3.3 施工期间对工程安全、运行的影响及采取的措施。
2.4 进度管理
2.4.1 工程招标：××年×月×日
　　　　合同签订：×年×月×日
2.4.2 计划开工时间：××年×月×日
2.4.3 计划完工时间：××年×月×日
2.4.4 计划验收时间：××年×月×日
2.5 资金管理
2.5.1 项目批复经费：____万元
2.5.2 严格按照南水北调工程有关财务要求，加强财务管理，独立核算，专款专用，不虚列支出。
2.6 合同管理
2.6.1 合同管理责任制：合同由单位负责人签订，项目负责人负责合同谈判、支付审核。
2.6.2 合同及相关支付审核材料一式两份，分公司与现场管理单位各存一份，互为备查。
2.7 档案管理
2.7.1 档案管理责任制：档案管理员负责工程相关资料的整编归档；技术负责人应将相关质量、安全、合同、招投标以及验收资料等及时移交档案管理员。工程验收形成2份项目管理卡（含附件），移交1份报分公司备案。
2.7.2 质量检查、安全检查、合同、支付、招标、中标等资料应为原件存档。
3 项目实施方案
3.1 项目实施单位选择
本项目计划____招标，投标单位需具备____资质。
3.2 主要施工方法
4 施工期间对工程运行的影响及采取的措施等。
5 附件
5.1 工程现状照片
5.2 招标文件（如有）
　　现场管理单位（盖章）
　　项目负责人（签字）：　　　　　　　　　　　　　　　　　技术负责人（签字）：

1.2 项目预算

序号	定额编号	项目名称	规格型号	单位	数量	经费(元) 单价	经费(元) 复价	备注
		合计						

编制：_____　　　　　　　　审核：_____

备注：如果是参考定额编制项目预算，则不用本表，项目预算按定额中的表格样式编制。

2 开工申请(备案)表

项目编号:

_____现场管理单位或分公司: 　　根据批复文号批复的_____项目计划通知要求及项目实施计划审批意见,我们已编制了项目施工组织设计,各项开工准备工作已经完成,现申请于__年__月__日开工,并计划于__年__月__日完工,请予审查批准。 　　附件:1. 开工准备情况报告 　　　　2. 采购、施工合同(如果有) 　　　　　　　　　　　　　　　　　　　　　　项目实施单位或现场管理单位(盖章) 　　　　　　　　　　　　　　　　　　　　　　　　　　　年　　月　　日
现场管理单位(盖章) 项目负责人(签字):　　　　　　　　　　技术负责人(签字):
审批单位部门意见:　　　　　　　　　　审批单位领导意见:

备注:对工程运用无重大影响的项目开工申请(备案)表由项目实施单位向现场管理单位提交申请,现场管理单位进行审批,项目、技术负责人签字;对工程运用有重大影响的项目开工申请(备案)表由现场管理单位向分公司提交申请,分公司进行审批,填写部门意见及领导意见。

3　项目变更申请单

项目编号：

项目名称	
变更事由及内容：   　　　　　　　　　　　　　　　　　　　　　现场管理单位（盖章） 　　　　　　　　　　　　　　　　　　　　　　年　　月　　日
审批单位部门意见：
审批单位领导意见：

4　项目实施情况记录

现场管理单位的管理人员应记录项目实施过程中的主要事件：项目采购（招投标）、项目开工、项目合同内容及价格变更、阶段验收、隐蔽工程的验收、上级主管单位检查监督情况、存在问题的整改情况、试运转、技术方案变更以及施工技术难点的处理等，表述应简明扼要，抓住重点。

现场管理单位（盖章）

技术负责人（签字）：　　　　　　　　　　　　　记录人（签字）：

4.1 质量检查记录

序号	日期	检查内容	检查结果	检查人员	备注
1	YYYY.MM.DD	南侧坡面基础			B.3质量评定表

项目实施单位(盖章)   现场管理单位(盖章)

项目负责人(签字)：   技术负责人(签字)：

                   年 月 日   年 月 日

备注：采购类可用产品合格证和到工验收等资料作为附件。

4.2 安全检查记录

检查日期		整改时限	
检查人员（签字）			
存在的安全隐患			
整改情况	项目实施单位项目负责人： 日期：		
复查意见	复查人： 日期：		

备注：本表可以根据需求自行增加。

5　工程款支付审批表

编号:项目编号 ZF01、02

致:×××分公司 　　现申请支付 项目名称 第＿＿＿次工程款[×××.××元(小写)],为人民币(大写)＿＿＿＿＿＿＿＿＿＿＿＿ ＿＿＿＿＿＿,请审核。 　　　附件: 　　　　　1. 工程款支付明细表 　　　　　2. 工程计量报验单(主要项目) 　　　　　　　　　　　　　　　　　　　　　　　项目实施单位(盖章) 　　　　　　　　　　　　　　　　　　　　　　　项目经理(签字): 　　　　　　　　　　　　　　　　　　　　　　　日期:
技术负责人审核意见: 　　　　　　　　　　　　　　　　　　　　　　　技术负责人(签字): 　　　　　　　　　　　　　　　　　　　　　　　日期:
项目负责人审核意见: 　　　　　　　　　　　　　　　　　　　　　　　现场管理单位(盖章) 　　　　　　　　　　　　　　　　　　　　　　　项目负责人(签字): 　　　　　　　　　　　　　　　　　　　　　　　日期:

　　备注:本表一式三份,分公司、现场管理单位和项目实施单位各一份。

本表仅供现场管理单位支付审批使用,后续支付流程按照公司财务审批流程进行。

　　支付申请流程为:由项目实施单位向现场管理单位申请,经现场管理单位审核后向分公司申请,分公司审核后支付。

工程计量报验单

编号:项目编号 JL01、02

工程名称			
合同编号		工程量	
分项名称		单位	
编制人		日期	
现场管理单位审核意见: 现场管理单位(盖章) 技术负责人(签字): 日期:			

备注:本表由项目实施单位编制,现场管理单位审核。

本表是对已完成的合格项目内容进行计量审核的用表,可按合同工程量清单对应内容填报。

6 项目验收申请

项目编号：

＿＿＿＿＿＿＿分公司： 　　根据批复文号批复的＿＿＿＿＿＿＿项目已全部完成,工程质量自检合格,工程决算已经编制完成,验收资料已准备就绪,现申请验收。 　　　附件:1. 完工总结 　　　　　2. 决算 　　　　　　　　　　　　　　　　　　　　　　　现场管理单位(盖章) 　　　　　　　　　　　　　　　　　　　　　　　　　　年　月　日
审批单位部门意见：
审批单位领导意见：

6.1 项目完工总结

项目完工总结应包含以下内容:(1)工程概况;(2)完成的主要内容或工程量;(3)项目建设管理情况;(4)项目施工进度情况;(5)施工队伍选择、设备选用以及采购招标情况等;(6)采用的主要施工技术和施工工法;(7)技术方案变更调整情况(如有);(8)质量控制与管理;(9)安全生产情况;(10)采用的新技术、新工艺、新材料等(如有);(11)项目合同完成情况;(12)遗留的问题(如有);(13)维修效果;(14)其他需要说明的情况;(15)附件:完工图纸(如有)。

现场管理单位(盖章)

项目负责人(签字):　　　　　　　　　　　　技术负责人(签字):

6.2　项目决算

现场管理单位(盖章)

序号	项目名称	单位	数量	经费(元)		备注
				单价	复价	
	合计					

编制：_____　　　　　　　　　　　　　　　　　　　　审核：_____

7　项目验收表

项目编号：

一、项目实施概况
二、验收结论 　　可另附验收纪要或验收报告 　　　　　　　　　　　　　　　　　　　　　　验收负责人(签字)： 　　　　　　　　　　　　　　　　　　　　　　　　　年　月　日

_____项目验收组签字表

年　月　日

序号	姓名	工作单位	职务职称	签名

8 附件

项目完工后,需将项目实施方案、开工申请的相关附件以及以下资料(如有)作为项目管理卡附件备查,统一装订归入项目管理卡。

1. 项目计划下达、实施方案批复文件;
2. 招投标文件(招标文件、中标文件、评标报告、中标通知书);
3. 技术变更资料;
4. 试验、检测、检验、监理资料;
5. 质量分项检验记录;
6. 第三方检测资料;
7. 完工图纸;
8. 工程款支付证书;
9. 结算表;
10. 验收纪要或验收报告;
11. 主要产品、材料、设备的技术说明书、质保书;
12. 图片、音像(工程实施前、过程中、完工后图片等);
13. 资产增加明细清单;
14. 其他资料。

5 综合管理表单

本部分表格适用于南水北调东线江苏水源有限责任公司管辖内工程的综合管理,具体涵盖工程大事记、职工教育台账、防汛物资管理台账、会议记录、值班记录。

5.1 工程大事记(表6)

5.1.1 基本要求

(1) 工程大事所记录的内容为:南水北调江苏境内工程重大事件及重大活动。
(2) 工程大事记的撰写以时间为线索,按时间顺序记录,排序归档。
(3) 事件的描述要简明扼要,表达准确。

5.1.2 记录项目

(1) 南水北调江苏境内工程的调度运行情况。
(2) 境内工程开展的技能比武、知识竞赛等相关活动情况。
(3) 组织开展的安全生产检查、定期检查、特别检查等相关情况。
(4) 上级部门发布的关于工程管理的重要指示、规定、通知、公告等。
(5) 境内工程开展的防汛抢险、人员训练、职工培训等相关活动。
(6) 境内工程开展的工程观测、水文水质监测、资料整编等相关活动。
(7) 境内工程管理范围内的水政巡查、水政执法等相关活动。
(8) 境内工程生产管理、技术改造方面新技术、新材料、新工艺的应用情况。
(9) 境内工程发生的重大安全生产事故。
(10) 其他需要记载的重大事件及活动。

5.1.3 填表说明

(1) 大事名称主要为事件主题,要简练,突出重点。
(2) 事件记事的描述包括时间、地点、人物、活动等要素。
(3) 照片应清晰,可以真实反映事件内容,粘贴位置居中。

表 6 　工程大事记表

大事名称		
时　间	年　月　日	
记　事		
照　片		

5.2 职工教育培训台账(表7~表11)

5.2.1 基本要求

(1)职工教育培训台账主要包括:业务技能培训、政治理论教育、实践操作培训。

(2)培训内容要描述培训主题、具体课程、操作项目等。

(3)培训总结要言简意赅,突出培训主题及培训产生的效果。

(4)培训照片要能够真实反映培训过程中的人物、事件,照片居中粘贴。

(5)培训中的考试内容以附件形式逐条添加,并做好存档。

5.2.2 记录项目

(1)政治理论类:思想政治教育、普法教育、职工职业道德教育。

(2)业务技能类:安全培训、适应性岗位培训、职业技能培训、转岗培训。

(3)实践操作类:电工操作、钳工操作、行车操作、电焊等实践操作。

(4)其他需要记载的培训及教育相关活动。

5.2.3 填表说明

(1)组织单位填写到具体的科室,培训对象具体到科室、班组。

(2)培训内容主要包括主题+事件,要简练,突出重点。

(3)照片清晰可以真实反映事件内容,粘贴位置居中。

(4)培训效果评估一栏评估人为项目部负责岗。

表7　20××年××项目部安全生产教育培训计划

序号	培训内容	组织单位	培训对象	培训方式	计划时间
				（包括集中培训、视频培训等）	

表8　职工教育培训记录

单位(部门)：　　　　　　　　　　　　　　编号：

培训主题			主讲人	
培训地点		培训时间	培训课时	
参加人员	详见表11　职工教育培训签到表(若参与人员较少,可直接填写,但必须手写)			
培训内容	记录人：			
培训评估方式	□考试　　□实际操作　　□事后检查　　□课堂评价			
培训效果评估	评估人：　　　　　　　　　　　　　　　　年　月　日			
持续改进				

　　填写人：　　　　　　　　　　　　　　　　　　　　　　日期：

表 9　职工教育培训照片摘录

照片摘录

表 10　相关方进入施工现场教育培训记录表

项目			时间	
相关方单位				
作业人员代表		教育人		
安全教育内容				

表 11　职工教育培训签到表

名　称：
时　间：
地　点：

序号	姓名	单位	职务	联系电话
1				
2				
3				
4				
5				
6				
7				
8				
9				
10				
11				
12				
13				
14				

5.3 防汛物资管理台账(表12~表14)

5.3.1 基本要求

(1) 防汛物资主要包括袋类、土工布、砂石料、铅丝、木桩、钢管、救生衣、发电机组、便携式工作灯、投光灯、电缆等。

(2) 防汛物资管理台账(表14)需要注明统计时间,统计人需要签字,仓库责任人审核。

(3) 防汛物资入库管理台账(表12)的用品名称要与表14中用品名称一致,以实时统计的数量为依据,领用防汛物资。

5.3.2 记录项目

(1) 袋类,单位:条;
(2) 土工布,单位:平方米;
(3) 砂石料,单位:立方米;
(4) 铅丝,单位:千克;
(5) 木桩,单位:立方;
(6) 钢管,单位:千克;
(7) 救生衣,单位:件;
(8) 发电机组,单位:千瓦;
(9) 便携式工作灯,单位:只;
(10) 投光灯,单位:只;
(11) 电缆,单位:米;
(12) 其他防汛物资。

5.3.3 填表说明

(1) 物品名称包括品牌和名称,依据购物清单及产品包装中的内容,填写相应型号。

(2) 用途需言简意赅,说明情况。

(3) 储存位置具体到防汛物资储备仓库的货架号。

(4) 防汛物资管理台账表(表14)每月盘点、检查一次,过期、损坏的物品由管理员按照制度及时申请采购,防汛物资入、出库管理台账(表12、表13)要及时进行统计更新。

表 12　防汛物资入库管理台账

　　　　　　　　　　　　　　　　　　　　　　　　　　　　　　　　年　月　日

序号	物品名称	规格/型号	单位	数量	备注

经办人：　　　　　　　　　　　　仓库管理员：

表 13　防汛物资出库管理台账

序号	物品名称	单位	数量	用途	借用人	借用时间	归还时间	同意借用人

表 14　防汛物资管理台账

序号	物品名称	规格/型号	单位	库存数量	用途	储备年限	备注

防汛仓库管理员：　　　　　　　　　日期：

5.4 会议记录(表 15)

5.4.1 基本要求

(1) 会议记录(表 15)应包含会议的主题、时间、地点、参会人员等情况。

(2) 会议记录要具备纪实性、概括性、条理性。

5.4.2 填表说明

(1) 会议内容记录要言简意赅,记录会议的主题,描述会议开展情况。

(2) 照片清晰,可以真实反映事件内容,粘贴位置居中。

表 15　会议记录

会议名称			
会议时间		会议地点	
主要议题			
组织单位		记录人	
主要参会人员			
会议主要内容			
会议照片			

5.5　档案管理台账(表16～表19)

5.5.1　基本要求

(1)卷内目录(表16)是登记卷内文件题名和其他特征并固定文件排列次序的表格,排列在卷内文件之前。

(2)卷内备考表(表17)是卷内文件状况的记录单。

(3)案卷目录(表18)是登录案卷题名、档号、保管期限及其他特征,并按案卷号次序排列的档案目录。

5.5.2　记录项目

(1)卷内目录

① 序号:应依次标注卷内文件排序列。

② 文件编号:应填写文件文号、型号、图号、代字或代号等。

③ 责任者:应填写文件形成者或第一责任者。

④ 文件题名:应填写文件全称。文件没有题名的,应由立卷人根据文件内容拟写题名。

⑤ 日期:应填写文件形成的时间——年、月、日。

⑥ 页数:应填写每件文件总页数。

⑦ 备注:可根据实际填写需注明的情况。

⑧ 档号:由全宗号、分类号(或项目代号或目录号)、案卷号组成。

• 分类号:应根据本单位分类方案设定的类别号确定。

• 项目代号:由所反映的产品、课题、项目、设备仪器等的型号、代字或代号确定。

• 目录号:应填写目录编号。

• 案卷号:应填写科技档案按一定顺序排列后的流水号。

(2)卷内备考表

卷内备考表,应排列在卷内全部文件后,或直接印制在卷盒内底面。

① 立卷人:应由立卷责任者签名。

② 立卷日期:应填写完成立卷的时间。

③ 检查人:应由案卷质量审核者签名。

④ 检查日期:应填写案卷质量审核的时间。

⑤ 互见号:应填写反映同一内容不同载体档案的档号,并注明其载体类型。

(3)案卷目录

① 序号:应填写案卷的流水顺序号。

② 总页数:应填写案卷内全部文件的页数之和。

③ 备注:可根据管理需要填写案卷的密级、互见号或存放位置等信息。

5.5.3　填表说明

表格字迹应清晰端正。

表 16　卷内目录

档号：

序号	文件编号	责任者	文件题名	日期	页数	备注

表 17　卷内备考表

档号：

互见号：
说明：

立卷人：
年　月　日
检查人：
年　月　日

表 18　案卷目录

序号	档号	案卷题名	总页数	保管期限	备注

表 19　档案资料借阅登记表

序号	档案编号	案卷题名	借阅日期	借阅人	归还日期	归还人	备注

5.6 值班记录(表 20)

5.6.1 基本要求

(1) 值班人员在填写值班记录时,应按照规定,如实填写反映实际情况的内容。

(2) 值班人员在值班期间必须将发生的事项和处理情况在值班记录上记载。

(3) 重大突发事件的处置,应按时间顺序(精确到分钟)详细记录处置过程。

(4) 运行期主要记录天气、工程状况、运行情况、操作情况、设备故障、设备异常及维护情况和交接情况。

5.6.2 填表说明

(1) 值班当日水情记录:填写当日上午 8:00 的水位。

(2) 工程维护情况:填写值班期间发现的设备故障、异常及正在维护的情况。

(3) 交接情况:填写本班正在进行事项、重要交代事项及其他需下一班重点处理的内容。

表 20　值班记录

值班时间	月　日　时　分至　月　日　时　分	交接班时间	月　日　时　分
值班人员签字		交接班人员签字	
交接情况			
值班当日水情记录			
工程运行及操作情况			
工程维护情况			
处理措施、过程与结果			
带班领导签字			

6 安全管理表单

本部分表格适用于南水北调东线江苏水源有限责任公司管辖内河道工程安全管理。

涉及安全表单必须手写填写,不允许电子填写。

涉及有关安全记录不得任意涂改,确因笔误的,应按照作废流程处理,重新填写。

记录在收到资料室保管前,记录保管员应检查其是否完整;在确认其完整后,将记录收回资料室保管;对缺项漏页等记录出现的问题,报相关领导进行处理。

6.1 安全检查记录(表21)

(1)各河道管理单位每月开展安全检查,填写安全检查记录。

(2)检查内容包括安全设施设备、运行管理、检修管理等。

表 21　安全检查记录

检查类别：　　　　　　　　　　　　　　　　　　　　　　　　　　　　　　　　年　月　日

序号	检查项目	检查标准	检查结果
1	责任制及安全生产制度执行情况	安全生产责任落实到位，编制工程防汛、反事故预案并组织演练，人员持证上岗，按计划开展安全教育培训。	
2	河道工程运行管理情况	河道工程及穿（跨）堤建筑物安全完好，河面无明显阻水障碍物，河道输水正常。机电设备完好、运行正常，各类桩、碑、牌等附属设施完好。管理及保护范围内无违章建设、违章种植等现象。	
3	安全警示设施及工器具	河道工程及穿堤建筑物安全警示标志牌齐全；交通桥限载标识齐全、完好；安全标语醒目，机电设备防护设施齐全。救生衣、安全帽、安全绳、绝缘手套等安全工器具完好，在有效使用期内。	
4	检修及施工现场安全管理情况	外单位施工时应签订安全协议，告知现场安全注意事项，明确安全责任；指定安全员，负责现场安全管理；检修过程中防物体打击、防坠落、防触电、防火防爆等防护措施齐全，现场安全警示措施齐全，无三违情况。	
5	问题整改情况	历次安全检查问题整改情况。	
6	其他		
检查意见及隐患整改			

技术负责人：　　　　　　　　检查人员：　　　　　　　　检查日期：

6.2 演练记录(表22—表23)

6.2.1 基本要求

（1）本表用于记录各种演练情况。

（2）记录以时间为线索，按时间顺序记录，排序汇总。

（3）演练的描述要简明扼要，表达准确。

6.2.2 填表说明

（1）演练名称主要为事件主题，要简练，突出重点。

（2）演练时间按照填表总则规范填写。

（3）演练类别要对应填写。

（4）演练的目的和培训情况要言简意赅。

（5）演练过程要明确演练步骤，包括时间、地点、人物、活动等要素，详细写清楚重要环节的措施。

（6）存在问题和改进措施要相关组织者认真评估，提出具体改进措施。

（7）记录人签名按照填表总则规范填写。

表 22 演练记录

演练名称				演练地点	
组织部门		总指挥		演练时间	
参加部门和单位					
演练类别	□综合演练　□单项演练　□桌面演练　□现场演练 □防汛预案　□综合应急预案　□反事故预案　□现场处置方案					
演练目的和培训情况					
演练过程					
存在问题和改进措施					

填表人：　　　　　　　　审核人：　　　　　　　　填表日期：

表23 演练效果评估

应急演练科目：　　　　　　　　　　　　　　　　　　　　　　　　　年　月　日

评估项目		评估内容及要求	评估意见
1	应急演练目标制订*	应急演练目标的制订是否符合下列要求：	是　否
		1. 是否制订应急演练目标；	□　□
		2. 应急演练目标是否完善、有针对性；	□　□
		3. 演练目标是否可行。	□　□
2	应急演练原则*	应急演练原则的制订是否符合下列要求：	是　否
		1. 是否结合实际、合理定位；	□　□
		2. 是否着眼实战、讲求实效；	□　□
		3. 是否精心组织、确保安全；	□　□
		4. 是否统筹规划、厉行节约。	□　□
3	应急演练分类*	本次应急演练采用的形式：	1　2　3
		1. 按组织形式划分，本次应急演练类别为：(1) 桌面演练；(2) 实战演练。	□　□
		2. 按内容划分，本次应急演练类别为：(1) 单项演练；(2) 综合演练。	□　□
		3. 按目的与作用划分，本次应急演练类别为：(1) 检验性演练；(2) 示范性演练；(3) 研究性演练。	□　□　□
4	应急演练计划（方案）*	演练计划（方案）是否符合下列要求：	是　否
		1. 是否根据实际情况，制订应急演练计划（方案）；	□　□
		2. 演练计划（方案）是否符合相关法律法规和应急预案规定；	□　□
		3. 演练计划（方案）是否按照"先单项后综合、先桌面后实战、循序渐进、时空有序"的原则制订；	□　□
		4. 演练计划（方案）中是否合理规划应急演练的频次、规模、形式、时间、地点等。	□　□
5	应急演练组织机构*	应急演练组织机构是否符合下列要求：	是　否
		1. 是否成立应急演练组织机构；	□　□
		2. 应急演练组织机构是否完善，职责是否明确；	□　□
		3. 应急演练组织机构是否按照"策划、保障、实施、评估"进行职能分工；	□　□
		4. 参演队伍是否包括应急预案管理部门人员、专兼职应急救援队伍以及志愿者队伍等。	□　□

续表

评估项目		评估内容及要求	评估意见
6	应急演练情景设置*	应急演练场景中是否包括下列内容：	是 否
		1. 事件类别；	☐ ☐
		2. 发生的时间地点；	☐ ☐
		3. 发展速度、强度与危险性；	☐ ☐
		4. 受影响范围、人员和物资分布；	☐ ☐
		5. 已造成的损失、后续发展预测；	☐ ☐
		6. 气象及其他环境条件等。	☐ ☐
7	应急演练保障*	应急演练是否包括下列人员：	是 否
	人员保障*	1. 演练领导小组、演练总指挥、总策划；	☐ ☐
		2. 文案人员、控制人员、评估人员、保障人员；	☐ ☐
		3. 参演人员、模拟人员。	☐ ☐
	经费保障*	1. 应急、演练经费是否纳入年度预算；	☐ ☐
		2. 应急演练经费是否及时拨付；	☐ ☐
		3. 演练经费专款是否专用、节约高效。	☐ ☐
	场地保障*	1. 是否选择合适的演练场地；	☐ ☐
		2. 演练场的是否有足够的空间,是否有良好的交通、生活、卫生和生产条件；	☐ ☐
		3. 是否干扰公众生产生活。	☐ ☐
	物资器材保障*	1. 应急预案和演练方案是否有纸质文本、演示文档等信息材料；	☐ ☐
		2. 应急抢修物资准备是否满足演练要求；	☐ ☐
		3. 是否能够全面模拟演练场景。	☐ ☐
	通信保障*	1. 应急指挥机构、总策划、控制人员、参演人员、模拟人员等是否配置到位；	☐ ☐
		2. 通信器材配置是否满足抢险救援内部、外部通信联络需要；	☐ ☐
		3. 演练现场是否建立多种公共和专用通信信息网络；	☐ ☐
		4. 能否保证演练控制信息的快速传递。	☐ ☐
	安全保障*	1. 是否针对应急演练可能出现的风险制订预防控制措施；	☐ ☐
		2. 是否根据需要为演练人员配备个体防护装备；	☐ ☐
		3. 演练现场是否有必要的安保措施,是否对演练现场进行封闭或管制以保证演练安全进行；	☐ ☐
		4. 演练前,演练总指挥是否对演练的意义、目标、组织机构及职能分工、演练方案、演练程序、注意事项进行统一说明。	☐ ☐

续表

评估项目			评估内容及要求	评估意见
8	应急演练实施*	演练指挥与行动*	1. 是否由演练总指挥负责演练实施全过程的指挥控制;	☐ ☐
			2. 应急指挥机构是否按照演练方案指挥各参演队伍和人员,开展模拟演练事件的应急处置行动,完成各项演练活动;	☐ ☐
			3. 演练控制人员是否充分掌握演练方案,按演练方案的要求,熟练发布控制信息,协调参演人员完成各项演练任务;	☐ ☐
			4. 参演人员是否严格执行控制消息和指令,按照演练方案规定的程序开展应急处置行动,完成各项演练活动;	☐ ☐
			5. 模拟人员是否按照演练方案要求,模拟未参加演练的单位或人员的行动,并作出信息反馈。	☐ ☐
		演练过程控制*	1. 桌面演练过程控制:	是 否
			(1)在讨论式桌面演练中,演练活动是否围绕所提出问题进行讨论;	☐ ☐
			(2)是否由总策划以口头或书面形式,部署引入一个或若干个问题;	☐ ☐
			(3)参演人员是否根据应急预案及相关规定,讨论应采取的行动;	☐ ☐
			(4)由总策划按照演练方案发出控制消息,参演人员接收到事件信息后,是否通过角色扮演或模拟操作,完成应急处置活动。	☐ ☐
			2. 实战演练过程控制:	是 否
			(1)在实战演练中,是否要通过传递控制消息来控制演练过程;	☐ ☐
			(2)总策划按照演练方案发出控制消息后,控制人员是否立即向参演人员和模拟人员传递控制消息;	☐ ☐
			(3)参演人员和模拟人员接收到信息后,是否按照发生真实事件时的应急处置程序或根据应急行动方案,采取相应的应急处置行动;	☐ ☐
			(4)演练过程中,控制人员是否随时掌握演练进展情况,并向总策划报告演练中出现的各种问题。	☐ ☐
9	演练解说*		1. 在演练实施过程中,是否安排专人对演练进行解说。	☐ ☐
			2. 演练解说是否包括以下内容:	
			(1)演练背景描述;	☐ ☐
			(2)进程讲解;	☐ ☐
			(3)案例介绍;	☐ ☐
			(4)环境渲染等。	☐ ☐

续表

评估项目		评估内容及要求	评估意见
10	演练记录*	1. 在演练实施过程中是否安排专门人员,采用文字、照片和音像等手段记录演练过程。	☐
		2. 文字记录是否包括以下内容:	是 否
		(1) 演练实际开始与结束时间;	☐ ☐
		(2) 演练过程控制情况;	☐ ☐
		(3) 各项演练、活动中参演人员的表现;	☐ ☐
		(4) 意外情况及其处置;	☐ ☐
		(5) 是否详细记录可能出现的人员"伤亡"(如进入"危险"场所,在所规定的时间内不能完成疏散等)及财产"损失"等情况;	☐ ☐
		(6) 文字、照片和音像记录是否能全方位反映演练实施过程。	☐ ☐
11	宣传教育*	1. 是否针对应急演练对其他人员进行宣传教育;	☐
		2. 通过宣传教育是否有效提高其他人员的抢险救援意识、普及抢险救援知识和技能。	☐
	应急演练结束与终止*	1. 演练完毕,是否由总策划发出结束信号,并由演练总指挥宣布演练结束;	☐
		2. 演练结束后所有人员是否停止演练活动,按预定方案集合进行现场总结讲评或者组织疏散;	☐
		3. 演练结束后,是否指定专人负责组织对演练现场进行清理和恢复。	☐
	演练评估*	1. 演练结束后是否组织有关人员对应急演练过程进行评估。	☐
		2. 应急演练评估是否包括下列几个方面:	是 否
		(1) 演练执行情况;	☐ ☐
		(2) 预案的合理性和可操作性;	☐ ☐
		(3) 应急指挥人员的指挥协调能力;	☐ ☐
		(4) 参演人员的处置能力;	☐ ☐
		(5) 演练所用设备的适用性;	☐ ☐
		(6) 演练目标的实现情况、演练的成本效益分析、对完善预案的建议等。	☐ ☐
	演练总结*	1. 演练结束后,演练单位是否对演练进行系统和全面的总结,并形成演练总结报告。	☐
		2. 演练总结报告是否包括下列内容:	是 否
		(1) 演练目的;	☐ ☐
		(2) 时间和地点;	☐ ☐
		(3) 参演单位和人员;	☐ ☐
		(4) 演练方案概要;	☐ ☐
		(5) 发现的问题与原因,经验和教训以及改进有关工作的建议等。	☐ ☐

续表

评估项目	评估内容及要求	评估意见
成功运用*	1. 对演练中暴露出来的问题,演练单位是否及时采取措施予以改进;	是 否
	2. 是否及时组织对应急预案的修订、完善;	□ □
	3. 是否有针对性地加强应急人员的教育和培训;	□ □
	4. 是否对应急物资装备进行有计划的更新等。	□ □
评估意见及建议		
评估人员签字		

注:"*"代表应急预案的关键要素。

6.3　安全生产事故月报(表24)

6.3.1　基本要求

（1）本表用于记录安全生产事故情况。

（2）记录内容的描述要简明扼要，表达准确。

6.3.2　填表说明

（1）重伤事故按照《企业职工伤亡事故分类标准》(GB 6441—86)和《事故伤害损失工作日标准》(GB/T 15499—1995)定性。

（2）直接经济损失按照《企业职工伤亡事故经济损失统计标准》(GB 6721—86)确定。

（3）事故类别填写内容为：物体打击、车辆伤害、机械伤害、起重伤害、触电、淹溺、灼烫、火灾、高处坠落、坍塌、爆炸、中毒和窒息及其他伤害。

（4）本月无事故，应在表内填写"本月无事故"。

表24　安全生产事故月报

填报单位：(盖章)　　　　　　　　　　　　　　　　　　　　　填报时间：　年　月　日

序号	事故发生时间	发生事故单位		死亡人数	重伤人数	直接经济损失	事故类别	事故原因	事故简要情况
		名　称	类型						

单位负责人：　　　　　　　　　　　　　　　填表人：

6.4　安全用具检查表(表25)

定期检查劳动防护用具,其中:ABS安全帽从产品完成之日起2.5年后进行一次冲击性能和耐穿刺性能试验,以后每年抽检一次;救生衣每半年检查一次;令克棒每年做一次预防性实验;绝缘胶鞋每六个月做一次预防性实验;绝缘手套每六个月做一次预防性实验。

表 25　安全用具检查表

类别	检查内容	检查数量	合格数量	备注
安全帽	锁紧器符合要求			
	是否在规定的使用期内（从产品制造完成之日计算，塑料帽不超过两年半，玻璃钢、橡胶帽不超过三年半）			
	帽壳完整无裂纹或损伤，无明显变形			
	帽衬组件（包括帽箍、顶衬、后箍、下颌带等）齐全、牢固			
救生衣	绳索、编织带等无脆裂、断股或扭结			
	表面无发霉、腐烂、破损、老化现象			
	略微用力拉，外层包布、缚带及缝线是否能被拉破、拉断			
令克棒	外观无破损、弯曲等缺陷			
	令克棒每年做一次预防性实验，并贴试验合格证			
绝缘鞋	绝缘鞋胶料部分无破损			
	绝缘胶鞋每六个月做一次预防性实验，并贴试验合格证			
绝缘手套	表面无裂痕、拆缝、发黏、发脆等缺陷			
	绝缘手套每六个月做一次预防性实验，并贴试验合格证			

填表人：　　　　　　审核人：　　　　　　　　　　填表日期：

6.5 堤防工程险工险段信息统计表

填表说明：

（1）险工险段名称：按实际管理的规范名称填写，无名称的直接填写所在堤防或堤段名称。

（2）所在堤防名称：填写险工险段所在堤防的名称，如××堤防××段。

（3）所在河流（湖泊）：填写堤防所在河流或湖泊的名称，河流需写明干支流关系。

（4）所在河流岸别：仅限河道堤防，填写"左岸"或"右岸"。

（5）所在堤防级别：填写险工险段所在堤防的级别，分1、2、3、4、5级。

（6）管理单位名称：填写堤防管理单位规范全称。

（7）水行政主管单位名称：填写履行堤防管理职责的水利行业主管部门名称。

（8）起点桩号、终点桩号：分别填写险工险段的起点桩号、终点桩号。

（9）起点位置、终点位置：分别填写险工险段起点、终点所在行政区名称及行政区划代码。

（10）险工险段坐标：填写险工险段中间桩号位置处经纬度。

（11）险工险段长度：填写险工险段长度，以"m"为单位，应为起点、终点桩号之差。

（12）险工险段类型：险工险段应在7种类型中选择，如同一险段包含多种类型的，选最贴近的一类列出。7种类型分别为：老口门堤段、管涌堤段、崩岸堤段、卡口堤段、病险穿堤建筑物堤段、严重缺陷堤段和其他堤段。

（13）险工险段简要说明：简要描述险工险段的现状和曾经出现过的历次险情，500字以内。

表 26 堤防工程险工险段信息统计表

填报单位：(盖章)   填报时间：年 月 日

序号	险工险段名称	所在堤防名称	所在河流(湖泊)	所在河流岸别	所在堤防级别	管理单位名称	水行政主管部门名称	险工险段位置			险工险段坐标		险工险段长度(m)	险工险段类型	险工险段简要说明
								起点桩号	起点位置	终点桩号	终点位置	经度	纬度			

单位负责人：   填表人：

管理要求

1 范围

本文件规定了南水北调东线江苏水源有限责任公司辖管河道堤防、穿(跨)堤建筑物及附属设施管理过程中运行、维护、检查等具体要求。

本文件适用于南水北调东线江苏水源有限责任公司辖管河道工程,类似工程可参照执行。

2 规范性引用文件

下列文件中的内容通过文中的规范性引用而构成本文件必不可少的条款。其中,注日期的引用文件,仅该日期对应的版本适用于本文件;不注日期的引用文件,其最新版本(包括所有的修改单)适用于本文件。

GB 50286　堤防工程设计规范
SL 260　堤防工程施工规范
SL 595　堤防工程养护修理规程
SL 436　堤防隐患探测规程
SL/T 171　堤防工程管理设计规范
SL/T 794　堤防工程安全监测技术规程
DB32/T 3935　堤防工程技术管理规程
国务院令第 647 号　南水北调工程供用水管理条例
NSBD15　南水北调工程渠道运行管理规程

3 术语和定义

本文件没有需要界定的术语和定义。

4 河道堤防

4.1 一般要求

(1) 禁止在河道保护范围内实施影响工程运行、危害工程安全和供水安全的爆破、打井、采矿、取土、采石、采砂、钻探、建房、建坟、挖塘、挖沟等行为。

(2) 河道沿线禁止设置排污口。沿线现有的港口、码头不能达到水环境保护要求的,河道管理部门应申请政府组织治理或者关闭。

(3) 达不到要求的船舶和运输危险废物、危险化学品的船舶,不得进入通航河道。

(4) 河道管理单位应开展定期检查和日常巡查,根据运行情况,对堤防物进行必要的维修和养护,保证建筑符合规范技术要求。

4.2　河面保洁要求

（1）河道管理单位应组织专业打捞队伍对水面开展保洁，河面应无明显水草、渔网、杂物等阻水障碍，保证河道内没有大于 2 m² 的水生植物或漂浮物聚集。

（2）打捞的水生植物或漂浮物采用翻斗车进行陆上运输，采用掩埋方式进行处置。

4.3　涉河建设项目管理要求

（1）在工程管理范围和保护范围内建设桥梁、码头、公路、铁路、地铁、船闸、管道、缆线、取水、排水等工程设施，审批、核准单位征求意见时，管理单位应提出初步意见，报分公司审核，公司同意后，方可出具拟建工程设施建设方案的意见。

（2）建设穿越、跨越、邻接南水北调工程输水河道的桥梁、公路、石油天然气管道、雨污水管道等工程设施的，其建设、管理单位应当设置警示标志，并采取有效措施，防范工程建设或者交通事故、管道泄漏等带来的安全风险。

（3）管理单位应定期对涉河建设项目进行检查，并负责对违反河道管理法律、法规、规章的行为进行查处，并协调处理河道纠纷。

4.4　保护管理要求

（1）管理单位应开展工程管理范围和保护范围巡查，发现水事违法行为及时予以制止并做好调查取证，及时上报、配合查处工作。

（2）工程管理范围内无违规建设行为。

（3）工程管理与保护范围内无危害工程运行安全的活动。

4.5　水保绿化要求

（1）工程管理范围内乔木、灌木、草皮种植合理，形成生物防护体系，宜绿化区域绿化率达 80% 以上。

（2）堤坡草皮整齐，无高秆杂草；林木缺损率小于 5%，无病虫害。

4.6　害堤动物防治要求

管理单位应对害堤动物基本情况了解清楚，在害堤动物活动区有防治措施，防治效果良好，无獾狐、白蚁等洞穴。

4.7　技术要求

河道管理技术要求主要包括一般要求、工程检查、工程观测以及安全注意事项等，具体要求详见附录 A。

5　穿堤建筑物

5.1　一般要求

（1）穿(跨)堤建筑物主要包括水闸、泵站、涵洞、桥梁、管线等。

（2）穿（跨）堤建筑物与河道堤防接合应紧密，无裂缝、渗水、沉陷、坍塌现象。

（3）河道管理单位对于管理范围内的穿（跨）堤建筑物应定期检查，加强维护，确保符合安全运行要求。对于非直管穿堤建筑物应情况清楚、责任明确、安全监管到位。

（4）对于穿（跨）堤建筑物应参照相关水闸、泵站、涵洞、桥梁等管理要求执行，开展工程检查、观测、电气预防性试验、安全鉴定等工作。

5.2 技术要求

穿（跨）堤建筑物管理技术要求主要包括一般要求、工程检查、安全注意事项等，具体要求详见附录B。

6 防汛物资

6.1 一般要求

（1）管理单位应根据《南水北调江苏水源公司防汛物资储备管理办法（试行）》，结合工程实际储备防汛物资。

（2）现场管理储备防汛物资采用自储备和代储备相结合的原则，对一些现场不便于储存的防汛物资可采用代储方式，与地方防汛物资储备单位签订代储协议。

（3）建立防汛物资仓库，明确专人管理，建立健全防汛物资管理制度，建立健全物资台账，加强防汛物资储备及出入库管理。

（4）每年汛前对河道防汛物资进行1次盘点，对照《南水北调江苏水源公司防汛物资储备管理办法（试行）》及工程实际，不足的部分应及时申请采购。

6.2 技术要求

防汛物资具体管理要求主要包括一般要求、工程检查、物资盘点、安全注意事项等，具体技术要求详见附录C。

7 考核评价

7.1 考核组织

管理要求考核由公司、分公司组织。

7.2 考核标准及内容

根据相关工程管理考核办法，对照评分标准，对河道工程建筑物、穿（跨）堤建筑物、防汛物资等是否符合要求进行考核。

附录 A　河道管理技术要求

序号	项目	内容
1	一般要求	1. 堤身：堤身断面及堤顶高程符合设计标准；堤身内部无洞穴、裂缝和软弱层，无獾狐、白蚁等洞穴。 2. 堤顶：坚实平整，堤肩线顺直，无凹陷、裂缝、残缺；相邻堤段之间无错动；硬化堤顶与堤身无脱离；堤顶道路满足防汛抢险通车要求，路面畅通、整洁，雨后无积水，路面无坑槽、起伏等；上堤辅道与堤坡交线顺直、规整，未侵蚀堤身。 3. 堤坡：堤坡平顺，无雨淋沟、裂缝、塌坑、洞穴，无杂物垃圾堆放。 4. 堤岸防护 （1）混凝土护坡：坡面平整完好，无松动、塌陷、脱落、架空、垫层淘刷等，护坡上无杂草、杂树和杂物等；坡面无侵蚀剥落、裂缝或破碎老化，排水孔顺畅。 （2）模袋混凝土护坡：坡体完好，无侵蚀剥落、裂缝、破碎等。 （3）挡浪墙：相邻墙体无错动，变形缝内填料无流失，坡面无侵蚀剥落、裂缝或破碎、老化，排水孔顺畅。 （4）护脚：表面无凹陷、塌陷。 5. 护堤地和堤防工程保护范围 （1）护堤地边界明确，宽度保持设计或竣工验收要求。 （2）背水堤脚以外无管涌、渗水。 （3）工程管理及保护范围内无违章建筑、违章种植、违章养殖，无杂物垃圾堆放等，无爆破、打井、采矿、取土、采石等行为。 6. 附属设施 （1）堤顶道路限高、限载设施完好。 （2）防渗及排水设施：完好、畅通，排水沟内杂草、杂物清理及时，无堵塞、破损。 （3）标牌标识：界桩、界牌、百米桩、里程碑、宣传简介牌、警示标识标牌等外观完好无缺失，文字图像清晰，涂层无脱落，埋设牢固无倾斜、倒塌。 （4）安全防护设施：河道沿线防护围栏完好无缺损，救生圈等设施完好，满足河道安全管理要求。 （5）安全监测设施：设施完好，按要求进行考证、校核，使用正常。 （6）通信及监控设施：线路畅通、设备完好，使用功能正常。 （7）管理设施：管理房屋及配套设施完好，庭院整洁，环境优美，巡查车辆等使用正常。 7. 涉河建设项目：主要监督有无严格执行行政许可文件，有无影响到河道堤防工程及设施的完好和安全，有无污染和破坏环境行为，有无落实防汛责任和措施等。 8. 河面 （1）输水河道沿线无排污口，水质无明显异常。 （2）及时清理河面漂浮物，无影响工程输水、排涝运行等异常情况。 9. 水保防护 （1）绿化林木缺损率小于5%，无病虫害。 （2）草皮无高秆杂草，无明显缺损等。

续表

序号	项目		内容
2	工程检查	日常巡查	河道在输水运行期及汛期,每天巡查1次,当河道水位达到警戒水位时,按照防汛预案要求加密巡查频次;非运行期或非汛期,每周检查2次。
		定期检查	汛前检查(4月30日前)、汛后检查(10月31日前),每年2次,分为汛前检查、汛后检查。
		特别检查	当发生大洪水、台风、地震等工程非常运用和发生重大事故时,应进行特别检查,必要时报请上级主管单位或部门共同检查。
3	工程观测	水位	1. 频次:每日1次,早8点观测水位; 2. 精度:水深观测测点深度中误差0.1 m。
		河道地形	1. 频次:5年1次,遇大洪水年、枯水年,应增加测次。 2. 精度:河道地形测量观测精度地面倾角<6°,地物点图上点位中误差0.5 mm,地形点高程中误差±h/4 mm(h为基本等高距),等高线高程中误差岸上h/2 mm,水下1h mm。
		固定断面	1. 频次 (1) 过水断面:汛前和汛后各开展1次; (2) 大断面:5年1次; (3) 断面桩桩顶高程考证:5年1次。 2. 精度:固定断面,从断面桩桩顶引测高程,当测点较多且一站无法测完时,应按普通水准测量进行观测,闭合差限差为±40$\sqrt{K}$(K为闭合或附合路线的长度,km),转点应使用尺垫,标尺读数取至1 mm,高程精确到1 cm。
4	安全注意事项		1. 禁止外来人员在河道钓鱼、游泳,以免发生溺水事件; 2. 加强安全保卫,避免在河道投毒或投放污染水体的物质; 3. 临水作业时,巡视人员应当配置救生圈、救生绳等急救物品。

附录 B 穿(跨)堤建筑物技术要求

序号	项目	内容
1	一般要求	1. 穿堤建筑物 （1）穿堤建筑物与堤防的接合紧密，无渗水、裂缝、坍塌等；接合部临水侧截水设施完好，背水侧反滤排水设施无阻塞。 （2）穿堤建筑物变形缝无错动、渗水、断裂。 （3）严禁在穿堤建筑物周边建设危及建筑物安全的其他工程或进行其他施工作业。 （4）未经计算及审核批准，禁止在穿堤建筑物上开孔、转移或增加荷重、拆迁加固用的支柱或进行其他改造工作；对重大的改变或改造，则应委托原设计单位，提出专题报告，上报主管部门审查批准。 （5）穿堤建筑物屋顶面无损坏开裂、渗漏；落水管道无破损，未堵塞，排水顺畅；墙体无开裂、无露筋、无下沉；装饰层无剥落、皲裂，表面整洁、无污物；门窗完好，无破损；岸墙、翼墙上的排水孔保持畅通。 （6）穿堤建筑物机电设备、金属结构、自动监控系统等参照水闸等管理要求执行，运行安全可靠。 2. 跨堤建筑物 （1）跨堤建筑物支墩与堤防的接合部无不均匀沉陷、裂缝、空隙等。 （2）上、下堤道路及其排水设施与堤防的接合部无裂缝、沉陷、冲沟。 （3）跨堤建筑物与堤顶之间的净空高度能满足堤顶交通、防汛抢险、管理维修要求。 （4）跨河桥梁桥面无裂缝、松散、坑塘、破碎、车辙等现象；跨河桥梁钢筋混凝土梁在跨中及支座等区域无裂缝，无严重剥落或露筋情况；护栏、栏杆等设施无损坏、变形；水尺、标识牌、警示牌、限高器等安装牢固，无缺损、变形。
2	工程检查	中型水闸、泵站参照相关标准要求执行；小型水闸、泵站、涵洞纳入河道堤防检查。
3	安全注意事项	穿(跨)堤建筑物应设置必要的救生圈、救生绳等急救物品。

附录 C 防汛物资技术要求

序号	项目	内容
1	一般要求	1. 建立健全防汛物资管理制度，应明确专人管理，建立健全物资台账，加强防汛物资储备及出入库管理。 2. 每年汛前对河道防汛物资进行1次盘点，对照《南水北调江苏水源公司防汛物资储备管理办法（试行）》及工程实际，不足的部分应及时申请采购。 3. 现场应设置专门防汛物资仓库，仓库环境干净整洁，物资摆放齐整，无霉变和灰尘积落。 4. 现场不便于存储的防汛物资应与地方防汛物资储备管理机构签订代储协议，明确代储物资种类、数量、运输方式及线路，确保满足应急抢险要求。 5. 防汛物资入库前必须进行验收，检查物资是否合格，质量数量是否齐全，资料、单据、证件是否完备，外观有无破损。 6. 对验收完成的防汛物资办理入库手续，并登记入册。 7. 根据工程防汛需要，接到领用申请，及时完成出库，严格出库登记手续，做到发放有依据并及时准确。 8. 防汛物资超出规定使用存放期限或经技术鉴定不符合使用要求的，应办理报废出库手续。
2	工程检查	每月对防汛物资进行1次检查，主要检查物资库存数量、规格、外观等，以及物资摆放的位置是否正确。
3	物资盘点	每年对防汛物资进行1次盘点，对照防汛物资台账，确保防汛物资账物相符，台账记录翔实准确，物资完好，未超使用期限，存放位置准确。
4	安全注意事项	做好安全卫生工作，确保防汛物资和人身安全。

管理信息

1 范围

本标准适用于南水北调东线江苏水源有限责任公司辖管河道工程信息系统的建设及运行管理工作。

本标准适用于南水北调东线江苏水源有限责任公司辖管河道工程,类似工程可参照执行。

2 规范性引用文件

下列文件中的内容通过文中的规范性引用而构成本文件必不可少的条款。其中,注日期的引用文件,仅该日期对应的版本适用于本文件;不注日期的引用文件,其最新版本(包括所有的修改单)适用于本文件。

GB 50395　视频安防监控系统工程设计规范

GA/T 1710　南水北调工程安全防范要求

SL 715　水利信息系统运行维护规范

SL 444　水利信息网运行管理规程

3 术语和定义

下列术语和定义适用于本文件。

3.1 河道信息

为监测、保护河道工程以及管理需要,通过直接或间接方式采集的各类技术参数、音视频、流程、图表等相关信息,主要包括信息采集、传输、处理、存储和应用等部分。

3.2 河道信息系统

将物联网、移动互联网、云计算等信息技术与河道工程管理相结合,实现河道工程信息、工程调度、运行管理、操作流程、应急处理等工作的数据采集、数据加工处理、存储管理、统计分析、信息交换与输出、权限管理等功能的管理系统。

4 一般规定

1. 河道信息管理系统主要由视频监视与安防系统、工程管理信息系统、水质水量监测子系统组成。

2. 工程管理系统、视频监控系统、水质水量检查系统等宜实现互联互通,按权限进行数据共享。

3. 河道信息管理系统应及时更新工程特性数据、日常监测数据、整编数据。

4. 应遵守《中华人民共和国网络安全法》的规定,开展网络安全认证、检测和风险评估工作；系统应安装防病毒软件，定期进行软件升级和系统程序漏洞修补。

5 视频监视与安防系统

5.1 一般规定

视频监视与安防系统宜对河道工程堤防、河面、穿（跨）堤建筑物，与桥梁、道路、河流交叉区域以及邻近人员居住密集的地区，河道工程管理单位等重要部位和区域进行有效的视频探测与监视、图像显示、记录与回放，并根据保护对象的安全需求，进行不同层级的安全防护。

5.2 系统架构

视频监视系统的结构宜采用矩阵切换模式、数字视频网络虚拟交换/切换模式。视频监视系统包括前端设备、传输设备、视频主机和显示设备。

5.3 系统功能

视频监视功能包括监视、控制、智能分析及报警、录像、上传。安防系统功能包括实体防护、出入口控制、入侵探测等。

5.3.1 监视功能要求

（1）监视方式

河道视频监视包括定点视频监视和无人机巡视两种方式。

（2）监视对象

① 定点视频监视

沿河道每隔 500～1 000 m 宜设置一个视频监控点位；其他穿堤建筑物，与桥梁、道路、河流交叉区域以及邻近人员居住密集的地区，可增设视频监控点位。视频监视和回放图像应能清晰显示河道工程及管理范围内建筑物、河面漂浮物、车辆、人员活动情况。其他穿（跨）堤建筑物及河道管理单位内部视频监视可参照水闸、泵站视频监视设置的要求。

② 无人机巡视

无人机巡视宜覆盖整条河道工程管理范围。采用无人机进行视频巡视时，视频监视和回放图像应能清晰显示河道工程管理范围内建筑物、河面漂浮物、车辆、人员活动情况。

（3）前端设备布设要求

① 摄像机镜头安装应顺光源方向对准监视目标，并避免逆光安装；当必须逆光安装时，宜降低监视区域的光照对比度或选用具有帘栅作用等具有逆光补偿的摄像机。

② 摄像机的工作温度、湿度应适应现场气候条件变化，必要时可采用适应环境条件的防护罩。

③ 摄像机设置的高度：室内距地面不低于 2.5 m；室外距地面不宜低于 3.5 m，室外如采用立杆安装，立杆的强度和稳定度应满足摄像机的使用要求。

（4）监视功能要求

① 摄像机应能清晰、有效地获取视频图像。当环境照度不满足视频监视要求时应配置

辅助照明。

② 活动摄像机可设定为自动扫描方式，通过云台控制摄像机上、下、左、右巡回扫描，获取监控区域内的视频图像。

③ 显示设备应能清晰、稳定显示所采集的视频图像。

④ 监视图像上应有图像编号/地点、时间、日期等信息。

⑤ 应能同时显示多个监视点的视频图像，并以单画面、四画面、九画面、十六画面等方式显示。

⑥ 监视图像水平分辨力大于等于 600 TVL，监视图像分辨率大于等于 1 280×720 像素，信噪比大于等于 35 dB；单路监视图像帧率大于等于 25 fps；回放图像水平分辨力大于等于 600 TVL，回放图像帧率大于等于 25 fps；监视图像质量主观评价按 GB 50198—2011 的五级损伤制评价，应大于等于 4 级要求，回放图像质量主观评价应大于等于 3 级要求；

⑦ 有远程联网要求时，传输到远程监控中心的监视图像帧率大于等于 15 fps，图像分辨率大于等于 704×576 像素。

⑧ 系统应有备用电源。主电源断电后，系统关键设备的应急供电时间宜大于 2 h。

5.3.2 控制功能要求

（1）应能通过模拟键盘或计算机实现对摄像机、云台等的控制。

（2）应能对活动摄像机的云台进行上、下、左、右控制，以及对镜头进行变焦和光圈调节，控制调节应平稳、可靠。

（3）应能手动切换或编程自动切换（联控）监视图像，对视频输入信号在指定的监视器上进行固定或时序显示。

（4）具有音频监控能力的系统应具有视频音频同步切换的能力。

（5）前端设备对控制命令的响应和图像传输实时性应能满足安全管理要求。

（6）应能存储编程信息，在供电中断或关机后，对所有编程信息和时间信息均应保存。

（7）应具有与报警控制器联动的接口，报警发生时应能切换出相应部位摄像机的图像，并同步显示和记录。

（8）控制界面应采用多媒体图形界面，界面应美观、操作应方便。

5.3.3 智能分析及报警功能要求

（1）可在图像中任意设定多个报警区域和报警声音。当设定区域内图像发生变化时，可自动报警并录像。

（2）视频监视系统可实现对河道内水草等漂浮物自动识别、预警等功能。

（3）无人机巡视可对河道管理范围内面积大于 5 m² 的所有建筑物、构筑物进行矢量化提取、分类，并结合地理信息系统及人工巡查上传数据，实现河道红线管理，对河道红线范围内违章建设、违章种植等现象进行自动识别和预警。

5.3.4 录像功能要求

（1）应能对任意监视图像进行手动或自动录像，当采用 4CIF 格式存储时，每一路视频图像存储时间不应小于 30 d。对依法确定为防范恐怖袭击重点目标的视频图像，储存时间应大于等于 90 天。

（2）存储的图像信息应包含图像编号/地点、存储时间和日期。

（3）应具有录像回放功能，回放效果应满足资料的原始完整性。

5.3.5 上传功能要求

（1）系统应能向上级信息化系统同时上传不少于 4 路视频图像。

（2）应能以浏览器/服务器（B/S）模式提供远程视频监视服务。授权用户可远程浏览河道视频监视系统的全部或者部分视频图像，也可对摄像机等设备进行控制。

5.3.6 安防功能要求

（1）河道堤防两侧、河道工程管理单位外围如装设围栏等实体防护装置，宜设置入侵探测装置和广播装置，入侵探测装置应能对人员攀爬、穿越实体防护围栏的行为进行探测报警，并与视频监控及广播装置联动。

（2）视频监视效果应能看清监控区域内人员、物品、车辆的通行状况；重要点位宜清晰辨别人员的面部特征和车辆号牌。

（3）对于穿堤建筑物、河道工程管理单位区域可根据需要设置出入口控制（门禁）装置。

6 河道工程管理信息系统

6.1 一般规定

河道工程管理信息系统是建立河道工程综合数据库的基础上，以网络通信系统等为基础，构建以满足河道巡视检查、维修养护、安全管理、信息共享等目标的应用管理系统。

6.2 系统架构

河道工程管理信息系统应采用开放式系统结构，网络拓扑结构可采用星型或环型。系统硬件包括网络设备、服务器/工作站、人机交互设备、电源系统等设备。系统软件由操作系统软件、支持软件、应用软件组成。

6.3 系统功能

河道工程管理信息系统包括以下子系统：

（1）综合管理子系统包括工程及管理单位概况、组织架构、规章制度、报表管理、物资管理、值班管理等模块。

（2）工程巡检子系统包括工程检查、历史查询等模块。其中工程检查分为定期检查、日常巡查、特别检查三个子模块。工程巡检应开发手机巡检功能 App，可实现巡查人员签到、GPS 定位、河道数据采集及查询、巡查整改及管护信息录入及查询、实时信息推送、预警提醒、统计报表等功能。后台管理人员可通过移动终端向巡查人员发布巡查任务和巡查路线，河道巡查人员能够通过移动终端上传巡查视频、图像，后台管理人员可同步查看巡查视频、图像，实时监控河道状况，智能分析巡查人员轨迹，并具备辅助抓拍功能。

（3）穿堤建筑物管理子系统包括建筑物管理、设备管理、运行管理等模块。其中建筑物管理子模块包括建筑物台账、安全监测、建筑物评定级等子菜单；设备管理子模块包括机电设备台账、电气试验、设备评定级、自动化系统维护等子菜单；运行管理子模块包括调度指令、运行报表、历史查询等子菜单。

（4）水文水质监测子系统包括水质监测、水情监测模块。在河道工程交水断面、分水口门宜设置水文、水质遥测终端,实时采集河道水位、流速、流量、水质数据,并遵循水文通信规约将监测数据上传至水文水质监测系统。系统可实时显示、存储各监测点数据,对于水位超警、水质超标等情况应及时发布预警信息。

（5）维修养护管理子系统包括工程问题清单、工程维修项目管理、日常保养台账等模块。

（6）涉河建设项目管理子系统包括项目概况、项目许可、监督检查等模块。

（7）防汛管理子系统包括实时信息监测、防汛信息服务、防汛组织管理等模块。

（8）安全管理子系统包括总体评价、目标管理、制度管理、教育培训、现场管理、安全风险管理、应急管理、事故管理、安全评价等模块。

（9）工程考核子系统包括季度考核、年度考核等模块。

6.4 系统技术要求

河道工程信息管理系统的软件宜包括数据接收与管理程序、信息发布程序,上传数据接口程序,数据库平台软件,防病毒软件等。

6.4.1 数据接收与管理程序应满足下列要求

（1）应在数据库服务器中建立综合数据库,综合数据库应满足以下要求：

① 具有完善的信息编码体系,对泵站业务管理中涵盖的信息进行全面分类和编码管理。编码设计科学合理,并具备目录树结构显示、分类路径明确、多级同步维护（级联修改）、分类分级的多层次查询、数据传送量少等特点。

② 采用面向对象的方式设计,数据库结构清晰明确,数据库对象具有独立性；需求变更或业务重组时,程序与数据库的重用率高。

③ 实现过程数据存储管理,泵站整个生产流程或业务过程中产生的数据能进行完整的关联存储。其中运行数据正常情况应保证每 5 分钟存储 1 次,或当采集的状态输入量发生变化或模拟输入量的变化值超过死区时进行存储。数据应按年存放,过期数据应自动备份或提醒运行人员手工备份。

④ 支持数据挖掘功能。可对不同时段的历史数据进行分析、计算、存储,实现预报、调度等功能。

⑤ 应具有通信接口配置、通信报文以及通信状态监视界面,运行维护人员可实时查看数据通信、数据存储情况,包括数据接收的时间、数据是否成功写入数据库等。

⑥ 对于不能自动采集的运行管理数据,应具有手工输入数据的人机接口。

6.4.2 信息发布程序应满足下列要求

（1）信息发布程序应采用浏览器/服务器结构,应至少支持 5 个及以上客户同时访问。

（2）发布的画面应与计算机监控系统的画面相近,画面上的数据应动态显示与刷新。

（3）可通过信息发布程序查看视频监视系统的实时图像。

6.4.3 数据库平台软件应选用满足下列要求的通用关系型数据库软件

（1）应采用客户机/服务器体系结构。

（2）应支持快速存取和实时处理。

（3）宜支持数据仓库的建立和管理,对数据仓库和 OLAP 应用有完善的支持。

（4）宜支持 XML。

(5) 应提供与其他商用数据库连接的应用接口,支持 ODBC、ADO、OLE DB 等接口标准。

(6) 宜支持分布式的分区视图等。

7　系统运行维护

(1) 河道管理单位应配备专业技术人员,对系统的运行维护进行授权管理。

(2) 河道管理单位应落实系统运行与维护经费。

(3) 河道管理单位制定系统管理制度规程,加强系统定期巡检和安全防护,及时处理运行故障,完善系统运行维护台账,保障系统正常运行。

8　考核与评价

(1) 南水北调东线江苏水源有限责任公司对分公司河道信息系统的建设及运行管理工作进行评价。

(2) 分公司对辖管河道工程的信息系统建设及运行管理工作进行评价。

(3) 项目部依据《南水北调江苏水源公司工程管理考核办法》及标准化体系文件,对信息系统的建设及运行管理工作进行自评,对规范实施中存在的问题进行整改。

(4) 评价依据包括系统运行现状、检查维护记录、故障处理记录等。

(5) 评价方法包括抽查、考问等,检查评价应有记录。

(6) 对于河道信息系统的建设及运行管理工作的自评、考核每年不少于一次。

管理安全

1 范围

本标准规定了南水北调东线江苏水源有限责任公司辖管河道工程安全管理工作要求。本标准适用于南水北调江苏水源有限责任公司辖管河道工程。类似工程可参照执行。

2 规范性引用文件

下列文件中的内容通过文中的规范性引用而构成本文件必不可少的条款。其中,注日期的引用文件,仅该日期对应的版本适用于本文件;不注日期的引用文件,其最新版本(包括所有的修改单)适用于本文件。

GB 2894　安全标志及其使用导则
GB/T 33000　企业安全生产标准化基本规范
AQ/T9004　企业安全文化建设导则
国务院令第493号　生产安全事故报告和调查处理条例
国务院令第647号　南水北调工程供用水管理条例
SL/Z 679　堤防工程安全评价导则
NSBD15　南水北调工程渠道运行管理规程
NSBD21　南水北调东、中线一期工程运行安全监测技术要求
水利工程管理单位安全生产标准化评审标准(试行)
南水北调江苏水源公司安全生产和职业健康法律法规、标准规范清单
南水北调江苏水源公司安全生产制度汇编

3 术语和定义

下列术语和定义适用于本文件。

3.1 安全设施

在生产经营活动中,将危险、有害因素控制在安全范围内,以及减少、预防和消除危害所配备的装置(设备)和采取的措施。

3.2 工程观测

为监视河道工程安全,掌握工程运行情况,及时发现和处理潜在的工程安全隐患,所开展的现场检查和仪器监测。

4 总则

为规范河道工程安全生产工作,提升标准化水平,确保工程运行安全可靠,满足安全生产标准化评审要求,特制定本标准。管理安全生产工作遵循"规范化、精细化、标准化、信息

化"的方针,落实安全生产主体责任。管理单位应采用"策划、实施、检查、改进"的"PDCA"动态循环模式,结合自身特点,自主建立并保持安全生产标准化管理体系;通过自我检查、自我纠正和自我完善,构建安全生产长效机制,持续提升安全生产绩效。

5 目标职责

5.1 目标

5.1.1 目标制订

各管理单位应根据自身安全生产实际,制订文件化的总体和年度安全生产与职业健康目标,并纳入单位总体和年度生产经营目标。

5.1.2 目标落实

各管理单位应明确目标的制订、分解、实施、检查、考核等环节要求,并按照所属基层单位、部门和班组在生产经营活动中所承担的职能,将目标分解为指标,签订目标责任书,确保落实。

(1) 目标定量

各管理单位应遵照国家、行业、地方有关的法律法规和其他要求,结合实际情况,提出中长期规划,制订安全生产总目标,内容包括:

① 杜绝伤亡事故、重伤事故,年度轻伤事故率控制在1‰以内;
② 杜绝重大机械设备事故;
③ 杜绝火灾、电气火灾事故;
④ 杜绝主责交通事故;
⑤ 安全教育培训率100%;
⑥ 新员工入职三级安全教育100%;
⑦ 各类事故"四不放过"处理率100%;
⑧ 杜绝食物中毒事故和重大传染病事故;
⑨ 安全隐患排查率100%;
⑩ 安全隐患治理率大于95%。

建立责任明确、关系顺畅、制度齐全,并能有效运行的安全生产管理体系,形成安全生产管理长效机制;设置安全生产管理机构,配备专职安全生产管理人员。

5.1.3 目标监控与考核

各管理单位应每季度对安全生产目标责任书执行情况进行自查和评估,对发现问题提出整改意见;每年底需要对安全生产目标完成情况进行一次考核,根据责任书内容进行奖惩。

5.2 机构和职责

5.2.1 组织机构

各管理单位应落实安全生产组织领导机构,成立安全生产领导小组,并应按照有关规定设置安全生产管理机构,或配备相应的专职或兼职安全生产管理人员,建立健全安全管理组织网络。

5.2.2 主要负责人及管理层职责

(1) 各管理单位主要负责人全面负责安全生产,并履行相应职责和义务,具体如下:

① 各管理单位负责人是安全生产的第一责任人,对单位的劳动保护和安全生产负全面领导责任。

② 坚决执行国家"安全第一、预防为主"的安全生产方针和各项安全生产法律、法规,接受上级领导部门监督和行业管理。

③ 审定、颁发各项安全生产责任制和安全生产管理制度,提出安全生产目标,并组织实施。

④ 贯彻系统管理思想,严格执行五同时要求,同时计划、布置、检查、总结、评比安全工作,确保"安全第一"贯彻于现场管理工作的全过程。

⑤ 负责安全生产中的重大隐患的整改、监督。一时难以解决的,要组织制订相应的强化管理办法,并采取有效措施,确保工程安全,并向上级部门提出书面报告。

⑥ 审批安全技术措施计划,负责安全技术措施经费的落实。

⑦ 落实专兼职安全员管理,按规定配备并聘任具有较高技术素质、责任心强的安全员,行使安全督导管理权利,并支持其对安全生产的有效管理。

⑧ 主持召开安全生产例会,认真听取意见和建议,接受各方监督。

(2) 安全负责人应对各自职责范围内的安全生产工作负责,具体如下:

① 在管理单位负责人的领导下,具体负责工程安全生产管理工作,对安全生产规章制度的执行情况行使监督、检查权,并对工程安全管理负有直接管理责任。

② 负责制订安全管理方面的规章制度,监督检查贯彻落实情况。

③ 负责日常安全检查活动,消除事故隐患,纠正三违行为。

④ 负责对职工进行安全思想教育和新工人上岗的安全教育与培训;组织特种作业人员参加资质培训,监督、检查和掌握工程特种作业人员持证上岗情况。

⑤ 按规定审查作业规程中的安全措施,并监督检查执行情况;按规定负责或参与安全生产设施、设备的审查与验收以及对新工艺、新设备的审查。

⑥ 定期分析工程的安全形势及薄弱环节,掌握安全方面存在的问题,提出解决的措施和意见。

⑦ 负责安全档案管理、安全工作记录、安全工作的统计上报工作;按规定的职权范围,对事故进行追查,参加事故抢救工作。

⑧ 定期召开安全生产会议,开展安全生产活动;收集有关安全方面的信息,推广先进经验和先进的管理方法,指导运管人员开展安全生产工作。

⑨ 遇有危险情况,有权决定中止作业、停止使用或者紧急撤离。

(3) 运行管理人员应按照安全生产责任制的相关要求,履行其安全生产职责,具体如下:

① 在管理单位负责人的领导下,按照安全管理要求开展运行管理活动。

② 严格执行安全管理方面的规章制度。

③ 做好日常安全管理工作,消除事故隐患。

④ 积极参加安全生产教育培训。

⑤ 严格执行作业规程中的安全措施；按规定参加新工艺、新设备的安全培训并按照相关要求操作四新设施设备。

⑥ 积极对工程现场安全方面存在的问题，提出解决的措施和意见。

⑦ 严格按规定的职权范围，做好事故应急处理工作。

⑧ 定期参加安全生产会议，开展安全生产活动。

⑨ 遇有危险情况，有权决定中止作业、停止使用或者紧急撤离。

5.3 安全生产投入

5.3.1 安全费用管理

根据工程实际，建立安全生产费用保障办法，按照有关规定提取和使用安全生产费用，明确费用提取、使用、管理的程序、职责和权限。

各管理单位应根据安全生产管理目标和使用计划，编制年度安全生产费用预算，经审批后按规定使用。安全费用使用计划的编制应做到对项目名称、投入金额（万元）、组织部门、备注（特殊说明）等清楚说明，按规定履行报批手续。

各管理单位应建立安全费用台账（含费用使用记录、费用使用情况检查表、专款专用检查表等），记录安全生产费用的数额、支付计划、经费使用情况、安全经费提取和结余等资料。

安全生产领导小组每半年对安全费用台账进行检查，每年年底对本年度安全生产费用使用情况进行检查，并进行公开。

5.3.2 安全费用使用范围

各管理单位的安全费用应当按照以下范围使用：完善、改造和维护安全防护设施设备支出（不含"三同时"要求初期投入的安全设施）；配备、维护、保养应急救援器材、设备支出和应急救援队伍建设与应急演练支出；开展重大危险源和事故隐患评估、监测监控和整改支出；安全生产检查、评价（不包括新建、改建、扩建项目安全评价）、咨询和标准化建设支出；配备和更新现场作业人员安全防护用品支出；安全生产宣传、教育、培训支出；安全生产使用的新技术、新标准、新工艺、新装备的推广应用支出；安全设施及特种设备检测检验支出；安全生产责任保险支出；其他与安全生产直接相关的支出。

5.4 安全文化建设

各管理单位应开展安全文化建设，每年年初向上级主管单位申报安全文化建设计划，经批复后实施；各管理单位开展的安全文化建设活动内容应符合 AQ/T9004 的规定。

5.5 安全生产信息化建设

各管理单位应结合实际，组织安全员或其他技术人员完善安全生产电子台账管理、重大危险源监控、职业病危害防治、应急管理、安全风险管控和隐患自查自报、安全生产预测预警等信息体系建设。

6 制度化管理

6.1 法规标准识别

6.1.1 法律法规、标准规范识别和获取
（1）各管理单位根据安全生产工作的需要，识别收集适用本单位安全生产和职业健康的法律法规、标准规范。

（2）安全生产工作领导小组办公室负责组织相关人员对识别的法律法规、标准规范进行符合性评审。

（3）由安全生产工作领导小组办公室对法律法规、标准规范进行适用性评估、传达，监督职工对法律法规和其他要求的遵守情况。

6.1.2 识别、获取途径
（1）识别途径：全国人大及其常委会，国务院及国务院各部门发布的安全生产和职业健康管理法律、行政法规、部门规章；江苏省人大及其常委会、江苏省人民政府发布的安全生产和职业健康管理地方性法规、政府规章；江苏省水利厅、江苏省国资委等制定下发的有关安全生产和职业健康管理的规定、要求；国家标准、地方标准、行业标准中有关安全生产和职业健康管理要求；其他有关标准、规范及要求。

（2）获取途径：通过网络、新闻媒体、行业协会、政府主管部门及其他形式查询获取的国家安全生产和职业健康方面的法律、法规、标准及其他规定；上级部门的通知、公告等；各岗位工作人员从专业或地方报纸、杂志等获取的法律、法规、标准和其他要求，应及时报送安全生产工作领导小组识别、确认并备案。

6.1.3 法律法规与其他要求的实施
（1）各管理单位每年至少组织一次法律法规及其他制度的学习培训并保留相关记录。

（2）安全生产领导小组办公室每年应至少对法律法规、标准规范进行一次符合性审查，出具评审报告；对不符合适用要求的法律法规、标准规范，由安全生产领导小组办公室组织人员及时整改。

6.2 安全生产规章制度

（1）在《安全生产和职业健康法律法规、标准规范清单》及《安全生产规章制度汇编》完成的前提下，管理单位应每年组织人员修订完善相关安全生产规章制度，及时将识别、获取的安全生产法律法规与其他要求转化为本单位规章制度，贯彻到日常安全管理工作中；修订后的规章制度应正式印发执行。

（2）管理单位的安全生产管理制度应包含但不限于：安全生产工作制度、事故报告和调查处理制度和安全用具管理制度。

（3）安全生产规章制度必须发放到相关工作岗位及职工，并组织职工培训学习，留存学习记录。

6.3 操作规程

管理单位必须根据工程实际编制运行、检修、设备试验及相关设备等的操作规程，并发

放至相关操作人员;对相关人员进行培训、考核,严格贯彻执行操作规程。

6.4 文档管理

(1) 管理单位建立并严格执行文件管理制度,明确文件的编制、审批、标识、收发、流转、评审、修订、使用、保管、废止等内容。

(2) 管理单位建立并严格执行记录管理制度,明确相关记录的填写、标识、收集、贮存、保护、检索、保留和处置的要求。

(3) 管理单位按制度规定对主要安全生产过程、事件、活动和检查等安全记录档案进行有效管理,明确专职档案员。

(4) 管理单位每年评估一次安全生产法律法规、技术规范、操作规程的适用性、有效性和执行情况,并根据评估情况,及时修订相关规章制度、操作规程。

7 教育培训

7.1 教育培训管理

(1) 管理单位的安全教育培训内容包括安全思想教育、安全规程制度教育和安全技术知识教育。

(2) 管理单位必须建立安全教育培训制度,其主要内容应包括安全教育培训的组织、对象、内容、检查考核等,并以正式文件印发。制度的内容应全面,不应漏项。

(3) 管理单位应通过对年度安全目标、工程安全受控状态、岗位人员综合素质及历年安全生产状况的分析,了解安全教育培训的需求,由安全生产领导小组制订年度安全教育培训计划并组织实施。培训计划包括培训内容、培训目的、培训对象、培训时间、培训方式、实施部门、所需费用等要素。

(4) 管理单位每年对安全教育培训效果进行评价,根据评价结论进行改进。

(5) 培训结束后应形成安全教育培训记录、人员签到表、培训照片、培训通知等文字或音像资料。

7.2 人员教育培训

7.2.1 管理单位主要负责人和安全生产管理人员教育培训

(1) 管理单位主要负责人和安全生产管理人员,必须参加与本单位所从事的管理活动相适应的安全生产知识和管理能力培训,取得安全资格证书后方可上岗,并按规定参加每年的继续教育培训。

(2) 管理单位主要负责人和安全生产管理人员安全资格初次培训时间不得少于32学时;每年再培训时间不得少于12学时。

7.2.2 岗位操作人员教育培训

(1) 对新员工必须进行三级安全教育,考核合格后方能进入管理生产现场;新员工在适应期间应参加所在班组的安全活动(适应期原则上不超过三个月)。在新设备、新流程投入使用前,对有关管理、操作人员进行专门的安全技术和操作技能培训;操作人员转岗或离岗一年以上重新上岗前,应经岗位安全教育培训合格。

(2)特种作业人员应按照国家有关规定经过专门的安全作业培训,并取得特种作业资格证书后上岗作业;按照规定参加复审培训,未按期复审或复审不合格的人员,不得从事特种作业工作;离岗六个月以上的特种作业人员,应进行实际操作考试,经确认合格后可上岗作业。

(3)每年至少对在岗人员进行一次安全生产教育培训,并留存相关资料。

7.2.3 其他人员教育培训

(1)相关方进入管理单位前,必须对作业人员进行安全教育培训,并留存相关记录;按规定督促检查相关方人员持证上岗作业,并留存相关方人员证书复印件。

(2)相关方的主要负责人、项目负责人、专职安全生产管理人员应当经相关主管部门验证后方可进场作业。

(3)外来参观、采访等人员进入管理单位前,相关接待人员应向参观人员进行安全注意事项介绍,并做登记。在现场参观期间,管理单位应派专人陪同监护。安全注意事项的内容包括:本单位安全生产规章制度及责任、安全管理、防火管理、设备使用、安全检查与监督、危险源、设备运行生产特点、应急处理方法及安全注意事项等。

8 现场管理

8.1 信息登记管理

管理单位应及时开展堤防信息登记,登记信息应完整准确,更新及时。

8.2 设施设备管理

8.2.1 重点部位

重点部位主要包括(但不限于)河道堤防等,其安全管理应符合下列规定:

设计、建设和验收档案齐全;按规定定期开展工程观测;维修、养护、巡查和观测资料准确、完整;安全防护设施和警示标志充分、完好。

8.2.2 堤防检查养护

河道堤防工程达到设计防洪(或竣工验收)标准,具体管理要求详见《管理要求》第四章。

8.2.3 堤防安全评价

应根据堤防级别、类型、历史和保护区域经济社会发展状况,按《堤防工程安全评价导则》(SL/Z 679—2015)要求对堤防定期进行安全评价,出现较大洪水,发现严重隐患的堤防应及时进行安全评价。应按规定有计划地开展堤防隐患探查;工程险工隐患情况清楚;根据隐患探查结果编写分析报告并及时报上级主管部门;有相应的除险加固规划或计划;对不能及时处理的险点隐患要有度汛措施和预案。

8.3 作业行为

8.3.1 工程观测

(1)管理单位应按照观测任务书以及相关规范规程要求的监测范围、监测项目、频次、精度等对河道进行监测（包括工程巡查和工程观测）；

（2）在特殊情况下，如地震、超标准洪水、运行条件发生变化以及发现异常情况时，应加强巡视检查，并应增加仪器监测的次数，必要时还应增加监测项目；监测成果应及时整理，并尽快编写专题报告上报；

（3）每次监测后及时进行资料分析整编，其内容包括仪器监测原始数据的检查、异常值的分析判断、填制报表和绘制过程线以及巡视检查记录的整理等；

（4）年度资料整编是在日常资料整理的基础上，将原始监测资料经过考证、复核、审查、综合整理、初步分析，编印成册；

（5）河道堤防安全监测频次：河道地形5年一次，遇大洪水年、枯水年应适当增加频次，过水断面每年一次，大断面5年一次，断面桩桩顶高程考证5年一次。

8.3.2 防洪度汛

（1）每年汛期之前应开展汛前检查保养，查清工程重要险工隐患并制订应急措施；

（2）根据人员变动及时调整防汛组织机构，并报上级主管单位；

（3）建立防洪度汛制度，落实度汛管理责任制，明确各班组、人员相关职责；

（4）及时修订工程度汛方案和防洪预案（含超标准洪水预案），按照国家、行业相关规定做好预案管理；

（5）每年在汛期之前检查抢险设备、物资是否到位，同时定期盘点防汛仓库物资是否齐全，建立防汛物资台账，保证防汛物资充足；

（6）落实抢险队伍，定期对抢险人员开展抢险知识培训与演练；

（7）及时开展汛前、汛中及汛后检查，发现问题及时处理。

（8）汛期确保工程管理人员24小时值班，做好值班记录，若发生险情，值班人员应第一时间汇报上级主管单位。

8.3.3 工程范围管理

（1）明确工程管理范围和保护范围，划界图纸资料齐全，工程管理范围内土地使用证领取率达95%以上，确保范围内无法律法规规定的禁止行为；

（2）按规定做好管理范围内巡查巡检，对违法行为及涉河建设行为，应及时通知当地执法部门；

（3）按规定设置界桩、界牌、水法宣传标牌、警示标牌等；

（4）在授权管理范围内，对工程管理设施及水环境进行有效管理和保护。

8.3.4 保护管理

（1）依法开展工程管理范围和保护范围巡查，发现水事违法行为予以制止并做好调查取证，及时上报，配合查处工作；

（2）工程管理范围内无违规建设行为；

（3）工程管理与保护范围内无危害工程运行安全的活动。

8.3.5 安全保卫

（1）制定保卫制度，并建立安全保卫管理组织，装备配备齐全，加强水法规宣传、培训、教育；

（2）做好管辖范围内工程重要部位的保卫工作；

（3）对现场配备的安全防护措施进行维护和日常检查；

(4) 开展治安隐患排查和整改,制订治安突发事件现场处置方案,并组织演练,确保及时有效地处置治安突发事件;

(5) 河道采砂等规划合理,无违法采砂现象;

(6) 配合有关部门对水环境进行有效保护和监督。

8.3.6 现场临时用电管理

(1) 管理单位按有关规定编制临时用电专项方案或安全技术措施,并经验收合格后投入使用;

(2) 操作人员必须持证上岗,用电配电系统、配电箱、开关柜应符合相关规定,并落实安全措施;

(3) 自备电源与网供电源的联锁装置安全可靠,电气设备等按规范装设接地或接零保护;

(4) 操作人员安全工具配置齐全,操作时严格执行安全规程,专人监护;

(5) 临时用电区域的管理单位应定期对施工用电设备设施进行检查;

(6) 外来施工单位的临时用电人员必须由管理单位专人监护监管。

8.3.7 交通安全管理

(1) 管理单位职能部门工作要求

① 遵守和执行国家、各级政府相关规范和制度中有关驾驶安全的要求和规定;

② 组织驾驶员参加安全学习和参加有关交通安全方面的各类培训;

③ 制订计划,定期对机动车辆进行交通安全专项检查,并做好车辆年检及相关工作。

(2) 机动车驾驶员职责

① 遵守国家、各级政府相关规范和制度的各项要求;

② 参加交通安全的安全学习和培训;

③ 驾驶前,负责检查交通工具基本情况,熟悉性能,详细了解工作内容,并制订相应行驶计划;

④ 驾驶车辆时,持证驾驶,严格执行交通法规和管理所行车规定;

⑤ 每天出车前检查车辆状况,保持良好车况;

⑥ 定期清扫车辆,保持车辆整洁;

⑦ 不酒后驾车,驾车时不打电话;

⑧ 及时向主管领导报告发生的不安全事件或事故。

8.3.8 仓库管理

(1) 制订仓库管理制度。

(2) 仓库结构满足安全要求,物品要满足"六距要求"。

(3) 仓库内涉及高空等危险作业时必须做好相应安全防范措施。

(4) 仓库内应按规定配备相应灭火安全设施,仓库工作人员应熟练掌握消防知识。

(5) 除工作需要外,非工作人员严禁进入库房。如因工作需要确需进入库房的应征得单位负责人同意,在仓库工作人员确认其已熟悉相应的安全事项告知并遵守本仓库安全管理规定的前提下方可进入。非工作人员进入库房时,仓库工作人员必须在现场进行实时监督,发现违章行为应及时制止。

(6) 严格用电、用水管理,每日要三查,一查门窗关闭情况,二查电源、火源、消防易燃情况,三查货物堆垛及仓库周围有无异常情况现象。

(7) 库房内外严禁烟火,不准吸烟、不准设灶、不准点蜡烛、不准乱接电线、不准把易燃物品带进去寄放。

(8) 定期进行物资清洁整理,做到存放到位、清洁整齐、标识齐全,安全高效,私人物件不得存放库内。

(9) 按要求开展出入库、盘点等工作,做好台账记录。

8.3.9 高处作业

(1) 配置高处作业所需的安全技术措施及所需材料,并编制相应的施工专项方案。

(2) 高处作业人员必须经体检合格后上岗作业,登高架设作业人员持证上岗。

(3) 登高作业人员正确佩戴和使用合格的安全防护用品;有坠落危险的物件应固定牢固,无法固定的应先行清除或放置在安全处。

(4) 雨雪天高处作业,应采取可靠的防滑、防寒和防冻措施;遇有六级及以上大风或恶劣气候时,应停止露天高处作业。

(5) 高空作业时应设立相关警戒区域,并派专人监护。

8.3.10 水上水下作业

(1) 进行水上或水下作业前,应取得《水上水下活动许可证》,并制订应急预案。

(2) 落实人员、设备防护措施;作业船舶符合安全要求,工作人员必须持证上岗,严格执行操作规程,并作相关安全告知及培训,留存相关资料。

(3) 落实安全管理措施,设置隔离带及隔离水域,防止作业船舶与其他船舶、设备发生安全事故。

(4) 随时了解和掌握天气变化和水情动态,并与作业人员保持信息沟通。

8.3.11 破土作业

(1) 施工前,管理单位应组织安排施工作业单位逐条落实有关安全措施,配置相应的安全工器具,应对所有作业人员进行工作交底,安全员进行安全教育。

(2) 施工作业人员先应检查施工作业设备是否完好,管理单位技术负责人确认措施无误后,通知施工作业人员进行施工。

(3) 在施工过程中,如发现不能辨认物体时,不得敲击、移动,作业人员应立即停止作业,施工作业单位负责人上报管理单位主要负责人,查清情况后,重新制订安全措施后方可再施工。

(4) 管理单位技术负责人在作业过程中加强检查督促,防止意外情况的发生。

8.3.12 岗位达标

(1) 建立班组安全活动管理制度,明确岗位达标的内容和要求。

(2) 开展安全生产和职业卫生教育培训、安全操作技能训练、岗位作业危险预知、作业现场隐患排查、事故分析等岗位达标活动,并做好记录。

(3) 从业人员应熟练掌握本岗位安全职责、安全生产和职业卫生操作规程、安全风险及管控措施、防护用品使用、自救互救及应急处置措施。

8.3.13 相关方管理

(1) 严禁将设备检修等施工任务交派不具备资质和安全生产许可证的单位,合同中明确安全要求,明确安全责任。

（2）对现场作业的相关方进行现场安全交底，书面告知作业场所存在的危险因素、防范措施和应急处置措施等，并留存相关资料。

（3）须与进场单位签订安全生产协议，必要时进行岗前培训。

（4）管理单位应派专人现场督查进场单位施工，协调现场交叉作业。

（5）对进场单位进行登记备案，做好登记工作。

8.3.14 交叉作业

（1）制订协调一致的安全措施，并进行充分的沟通和交底。

（2）应搭设严密、牢固的防护隔离措施。

（3）交叉作业时，不上下投掷材料、边角余料，工具放入袋内，不在吊物下方接料或逗留。

8.4 职业健康

8.4.1 职业健康管理制度

管理单位应建立职业健康管理制度，包括职业危害的监测、评价、控制等职责和要求。

8.4.2 职业健康防护

（1）按照法律法规、规程规范的要求，为人员提供符合职业健康要求的工作环境和条件，配备相适应的职业健康保护措施、工具和用品。

（2）教育并督促作业人员按照规定正确佩戴、使用个人劳动防护用品。

（3）指定专人负责保管、定期校验和维护各种防护用具，确保其处于正常状态，并将校验维护记录存档保存。

（4）选用符合《个体防护装备选用规范》的劳动防护用品。

（5）必须贯彻执行有关保护妇女的劳动法规，有配套的更衣间、洗浴间、孕妇休息室等卫生设施。

（6）巡视工程现场时，必须佩戴防护用品。

8.4.3 防护器具管理

为规范职业健康保护设施、工具、劳动防护用品的发放和使用，保证安全生产活动顺利进行，应指定专人负责保管、定期校验和维护各种防护用具，确保其处于正常状态。

（1）根据工作计划编制职业健康保护设施、工具、劳动防护用品的需求计划。

（2）负责确认所采购职业健康保护设施、工具、劳动防护用品等防护器具供应商的资质。

（3）采购的职业健康保护设施、工具、劳动防护用品等防护器具应及时登记，填写采购记录，及时入库。

（4）负责监督职业健康保护设施、工具、劳动防护用品等防护器具的验收，并作相应的防护器具测试。

（5）负责职业健康保护设施、工具、劳动防护用品等防护器具的发放工作，做好发放记录。

（6）按要求做好防护器具的保管、保养工作，做到台账与实际符合。

8.5 警示标志

8.5.1 警示标志的管理要求

（1）警示标志的采购质量严格执行相关规定，验收合格后方可使用。

（2）警示标志的市场采购，若不能满足现场管理需求，管理单位则可自行制作，但应满足相关规定。

8.5.2 警示标志的安装与维护

（1）警示标志应规范、整齐并定期检查维护，确保完好。

（2）在大型设备设施安装、拆除等危险作业现场应设置警戒区、安全隔离设施和醒目的警示标志，并安排专人现场监护。

8.5.3 警示标志的使用

（1）按照规定和现场的安全风险特点，在有重大危险源、较大危险因素和职业危害因素的工作场所，设置明显的安全警示标志和职业病危害警示标识，告知危险的种类、后果及应急措施等。

（2）在危险作业场所设置警戒区、安全隔离设施。定期对警示标志进行检查维护，确保其完好有效并做好记录。

（3）警示标志不应设在门、窗、架等可移动的物体上，以免警示标志随母体相应移动，影响认读。警示标志前不得放置妨碍认读的障碍物。

（4）警示标志的平面与视线夹角应接近 90°，观察者位于最大观察距离时，最小夹角不低于 75°。

（5）多个警示标志在一起设置时，应按警告、禁止、指令、提示类型的顺序，先左后右、先上后下地排列。

（6）警示标志的固定方式分附着式、悬挂式和柱式三种。悬挂式和附着式的固定应稳固不倾斜，柱式的标志牌和支架应牢固地连接在一起。

8.5.4 警示标志的规格与质量

（1）除警告标志边框用黄色勾边外，其余全部用白色将边框勾一窄边，即为警示标志的衬边，衬边宽度为标志边长或直径的 0.025 倍。

（2）警示标志的材质应采用坚固耐用的材料制作，一般不宜使用遇水变形、变质或易燃的材料。有触电危险的作业场所应使用绝缘材料。

（3）警示标志应图形清楚，无毛刺、孔洞和影响使用的任何疵病。

9 安全风险管控及隐患排查治理

9.1 安全风险管理

9.1.1 管理制度

管理单位应结合单位实际，制订安全风险管理制度，包括危险源分析、风险辨识与评估的范围、要素、方法、准则和工作程序等。

9.1.2 风险辨识

（1）管理单位组织应对管理范围内所有活动及设备设施的安全风险进行全面、系统辨识。

（2）常见的安全风险评估方式包括定性评估法、专家评估法、危险与可操作性分析法、预先危险分析法等。管理单位应结合实际，选择合适的评估方法和程序，从影响人、财产、环境三个方面的可能性和严重程度进行分析。

（3）管理单位根据评估结果，确定安全风险等级。安全风险等级从高到低划分为重大风险、较大风险、一般风险和低风险，分别用红、橙、黄、蓝四种颜色标示。

（4）安全生产领导小组办公室应成立安全风险评估小组，小组成员应由熟悉安全风险评估基本方法的不同层次（包括分管领导、中层管理人员、技术人员、现场作业人员等）的人员组成。

（5）安全生产领导小组办公室每年对全员至少要进行一次危险源辨识及安全风险评估知识的系统性培训；在组织正式危险源辨识和风险评估前，应对参与辨识、评估的人员进行专题培训。

9.1.3 危险源管理

所有辨识出的危险源应根据其风险等级制订管理标准和管控措施，明确管理和监管责任部门和责任人。管理标准和管控措施要具体、简洁，可操作性强；安全生产过程中，既要不断辨识新的危险源，更要实时监控危险源的管控状态，对原有危险源及管理标准和管控措施，应根据当前状态适时进行动态评估，并根据评估结果，不断修正和完善管理标准和管控措施；当系统、设备、作业环境发生改变时，出现紧急情况或事故发生后，要及时进行危险源辨识和风险评估。

9.2 重大危险源辨识和管理

9.2.1 重大危险源辨识、管理要求

（1）管理单位应建立重大危险源管理制度，明确重大危险源辨识、评价和控制的职责、方法、范围、流程等要求。

（2）管理单位按制度进行重大危险源辨识、评价，确定危险等级，做好日常监控管理。

9.2.2 危险源辨识、评价和控制

安全生产领导小组办公室根据安全生产法规和其他要求的规定，以及安全生产制度的规定，定期发布重大危险源辨识与风险评价的通知，并根据风险管理相关规章制度的规定，开展重大危险源辨识与评价工作，对重大危险源进行登记建档并开展常态化的监控管理。

9.2.3 危险源管理

（1）工程运行管理方面，应当按照风险管理规章制度和调度运行管理规章制度的规定，定期对河道运行管理等方面的辨识出来的重大危险源进行检查、检验，确保重大危险源的风险可控；在工程维修养护方面，应当按照风险管理规章制度和维修养护管理规章制度的规定，对辨识出来的重大危险源进行检查、检验，确保重大危险源的风险可控；在办公场所，应当按照消防法及消防安全管理规章制度的规定，对辨识出来的重大危险源进行检查、检验，确保重大危险源的风险可控。

（2）在重大危险源现场应设置明显的安全警示标志和危险源点警示牌或以危险告知书形式上墙告知、提醒。公示内容包括：危险源的名称、级别、部门级负责人、现场负责人、监控检查周期等。因工作需要调整重大危险源（点）负责人，应在警示牌上及时更正。

（3）管理单位制订相应的重大危险源应急救援处置方案，并定期组织培训和演练，每年至少进行一次重要危险源应急救援预案的培训和演练，并及时进行修订完善。

9.3 隐患排查治理

9.3.1 隐患排查制度

建立隐患排查制度,明确排查的目的、范围、责任部门和人员、方法和要求等;隐患排查范围包括管理范围所有场所、环境、人员、设备设施和活动。隐患排查应与安全生产检查相结合,与环境因素识别、危险源识别相结合。排查方式包括日常检查、定期检查、节假日(特定时间)检查、特别(专项)检查。

9.3.2 排查方式及内容

（1）日常检查

管理单位对管理范围内的各种隐患定期进行检查,包括运行管理、施工作业等,以及现场人员有无违章指挥、违章作业和违反劳动纪律。对于重大隐患现象责令立即停止作业,并采取相应的安全保护措施。

① 检查内容

a. 运行或施工前安全措施落实情况;

b. 运行或施工中的安全情况;

c. 各种安全制度和安全注意事项执行情况,如安全操作规程、岗位责任制、消防制度和劳动纪律等;

d. 安全设备及防护用具的配备和使用情况;

e. 安全教育和安全活动的开展情况;

f. 生产装置、施工现场、作业场所的卫生和生产设备、仪器用具的管理维护及保养情况;

j. 职工思想情绪和劳逸结合的情况;

h. 根据季节特点制订的防雷、防火、防台、防汛、防暑防寒,以及防范其他极端气象因素带来的不利影响的安全防护措施落实情况;

i. 检修施工中防高空坠落、防碰撞、防电击、防机械伤害及施工人员的安全护具穿戴情况。

② 检查要求

a. 发现"三违"现象,立即下达整改通知;对于重大隐患,首先责令停运、停工,立即告知各单位(部门)分管负责人,整改后方可恢复正常生产。

b. 现场检查发现的问题要有记录。

c. 对于重大隐患下达隐患整改指令书。

③ 检查周期

河道在输水运行期及汛期,每天巡查1次,非运行期或非汛期,每周检查2次。

（2）定期检查

管理单位应定期对管理范围内的河道堤防、管理用房等项目进行检查,排查事故隐患,防止重大事故发生。

① 检查内容

a. 河道堤防定期检查内容:堤顶、堤坡及青坎、护坡、排水设施、堤脚、穿堤建筑物接合部、河道水质、工程观测设施、宣传警示标牌等。

b. 管理用房定期检查内容:墙体、门窗、防雷设施、屋面防水层、应急照明、各类标识标牌等。

② 检查要求

由管理单位的负责人组织,安全员、技术骨干及相关责任人配合,发现隐患及时处理和报告,并做好检查记录。

③ 检查周期

汛前、汛后各1次。

(3) 节假日(特定时间)检查

通过对运维人员、现场隐患等全面检查,发现问题进行整改,落实岗位安全责任制,全面提升安全管理水平。

① 检查内容

a. 运行或施工前安全措施落实情况;

b. 运行或施工中的安全情况,特别是检查用电、用火管理情况;

c. 各种安全制度和安全注意事项执行情况,如安全操作规程、岗位责任制、用火和消防制度等;

d. 安全设备及防护用具的配备和使用情况;

e. 安全教育和安全活动的开展情况;

f. 运行现场、作业场所的卫生和生产设备、仪器用具的管理维护及保养情况;

g. 职工思想情绪和劳逸结合的情况;

h. 检修施工中防高空坠落及施工人员的安全护具穿戴情况。

② 检查要求

a. 现场检查发现的问题要有记录。

b. 对于重大隐患下达隐患整改指令书。

c. 检查周期:每年元旦、春节、五一、十一等重大节日前。

(4) 特别(专项)检查

及时发现由极端天气、地震、超设计工况运行等导致的厂房、生产设备、人员造成的危害,制订防范措施,以避免或减少事故损失。

① 检查内容

检查河道堤防、建筑物结构的牢固程度,抗极端天气能力;防汛设施;夏、冬季劳动保护用品配备及相应工程措施准备情况;雷雨季节前检查防雷设施安全可靠程度,包括防雷设施导线牢固程度及腐蚀情况,电阻值、防雷系统可保护范围等。

② 检查要求

由管理单位主要负责人带头,安全员及设备技术人员参加,做好安全检查记录,包括文字资料、图片资料。对于检查发现的事故隐患,制订整改方案,落实整改措施。

③ 检查周期

每年特别天气前后,汛前、汛后及夏冬两季前后各一次。

9.3.3 隐患治理

(1) 对于排查出的隐患,要进行分析评价,确定隐患等级,并登记建档。隐患分为一般事故隐患和重大事故隐患。

(2) 对于一般事故隐患,由管理单位按责任分工组织整改。对重大事故隐患,管理单位应立即向上级主管单位报告,组织技术人员和专家或委托具有相应资质的安全评价机构进行评估,确定事故隐患的类别和具体等级,并提出治理方案。

(3) 重大事故隐患治理方案应包括以下内容:

① 隐患概况;

② 治理的目标和任务;

③ 采取的方法和措施;

④ 经费和物资的落实;

⑤ 负责治理的机构和人员;

⑥ 治理的时限和要求;

⑦ 安全措施和应急预案。

(4) 在事故隐患未整改前,隐患所在部门应当采取相应的安全防范措施,防止事故发生。事故隐患排除前或者排除过程中无法保证安全的,应当从危险区域内撤出作业人员,并疏散可能危及的其他人员,并设置警戒标志。

(5) 重大事故隐患治理结束后,管理单位应组织安全技术人员或委托具有相应资质的安全生产评价机构对重大事故隐患治理情况进行评估,出具评估报告。

(6) 管理单位每月应对事故隐患排查治理情况进行统计分析汇总,并通过水利安全生产信息系统层层上报。

9.4 预测预警

(1) 管理单位每季度进行一次安全生产风险分析,通报安全生产状况及发展趋势,及时采取预防措施。

(2) 加强与气象、水文等部门沟通,密切关注相关信息,接到自然灾害预报时,及时发出预警并采取应急措施。

(3) 积极引进应用定量或定性的安全生产预警预测技术,建立安全生产状况及发展趋势的预警预测体系。

10 应急管理

10.1 应急准备

10.1.1 应急管理组织

管理单位应建立应急管理组织,建立健全应急工作体系,其领导小组组长应由管理单位负责人担任,相关职能部门负责人为组员,并下设应急领导小组办公室于相关职能部门。

(1) 应急领导小组主要工作职责

贯彻落实国家应急管理法律法规及相关政策;接受上级主管单位应急指挥机构的领导,并及时汇报应急处理情况,必要时向有关单位发出救援请求;研究决定单位应急工作重大决策和部署;接到事件报告时,根据各方面提供的信息,研究确定应急响应等级,下达应急预案启动和终止命令;负责指挥应急处置工作。

(2) 应急领导小组办公室工作职责

监督国家、地方及行业有关事故应急救援与处置法律、法规和规定的落实情况,执行应急领导小组的有关工作安排；事件发生时，协助应急领导小组指挥、协调应急救援工作；接收并分析处理现场的信息，向应急领导小组提供决策参考意见；负责应急事件的新闻发布；负责应急处置相关资料的汇总、整编及归档工作。

10.1.2 应急预案

（1）预案要求

① 管理单位应在对危险源辨识、风险分析的基础上，建立健全生产安全事故应急预案体系，将应急预案报当地主管部门备案，并通报有关应急协作单位。

② 管理单位应定期评价应急预案，并根据评价结果和实际情况进行修订和完善，修订后预案应正式发布，必要时组织培训。

③ 管理单位应按应急预案的要求，建立应急资金投入保障机制，妥善安排应急管理经费，储备应急物资，建立应急装备、应急物资台账，明确存放地点和具体数量。

④ 管理单位应对应急设施、装备和物资进行经常性的检查、维护、保养，确保其完好、可靠。

⑤ 管理单位按规定组织安全生产事故应急演练，有演练记录。对应急演练的效果进行评估，提出改进措施，修订应急预案。

⑥ 发生事故后，应立即启动相关应急预案，开展事故救援；应急救援结束后，应尽快完成善后处理、环境清理、监测等工作，并总结应急救援工作。

（2）预案分类

根据针对情况不同，应急预案分为综合应急预案、专项应急预案和现场处置方案。

① 综合应急预案

综合应急预案是应急预案体系的总纲，是明确事故应急处置的总体原则，综合应急预案应当向地方应急管理主管部门报备。

② 专项应急预案

专项应急预案是为应对某一类型或某几种类型事故，或者针对重要生产设施、重大危险源、重大活动等内容而制订的应急预案。由管理单位编制实施，并报分公司备案。

③ 现场处置方案

现场处置方案是根据不同事故类别，针对具体的场所、设施或岗位所制订的应急处置措施。由管理单位编制实施，并报分公司备案。

（3）预案编制和修订

① 管理单位根据有关法律、法规和《生产经营单位生产安全事故应急预案编制导则》(GB/T 29639—2020)，结合工程的危险源状况、危险性分析情况和可能发生的事故特点，制订相应的应急预案。

② 应急预案由安全生产领导小组办公室负责管理与更新，根据实际情况，定期评估应急预案，对预案组织评审，视评审结果和具体情况进行相应修改、完善或修订，并按照有关规定将修订的应急预案向地方应急管理主管部门报备。

（4）各类预案编制要求

① 防汛应急预案按照相关法规制度要求编制，主要包括事故风险分析、应急指挥机构及职责、处置程序和措施等内容。

a. 针对可能发生的汛期风险，分析发生的可能性以及严重程度、影响范围等，并据此编制相关防汛预案。

b. 建立健全防汛应急指挥机构及职责。管理单位应成立防汛应急处置领导小组,下设水工建筑、电气设备、堤防等专业抢险突击队,负责维护和抢修工作。

c. 完善防汛应急处置程序。现场巡查人员发现险情或接到险情信息后,应立即报告防汛应急处置领导小组组长,启动防汛应急预案,在组长的指挥下实施抢险工作,协调抢险行动,并及时向上级单位汇报情况。

d. 落实防汛应急处置措施。泵站水工建筑物、河道、堤防、机电设备、自动化设备以及其他设施损坏或出现险情可采取的措施。

e. 管理单位防汛值班电话应保证24小时畅通,严格落实24小时值班和领导带班制度,防汛应急处置领导小组成员汛期应保持通信畅通。

f. 管理单位应按照相关规定测算防汛物资品种及数量,现场储备必要的应急物资、抢险器械和备品备件,落实大宗物资储备。

② 反事故应急预案按照相关法规制度要求编制,主要包括事故风险分析、应急指挥机构及职责、处置程序和措施等内容。

a. 建立反突发事件应对执行机构。管理单位应成立反事故领导小组,完善应急救援组织机构,在突然发生险情故障时,应立即按照反事故应急预案采取应急救援措施。

b. 完善反突发事件处置程序。管理单位现场巡查人员发现事故或接到事故信息后,应立即报告反事故领导小组组长。在组长的指挥下实施抢救工作,并及时向上级单位汇报情况。

c. 落实反事故处置措施。各现场管理单位应制订堤防工程应急处置措施并加以演练。

③ 防突发事件处置方案应制订并包含消防及疏散应急处置方案、人员伤亡处置方案、防自然灾害处置方案,主要包括事故风险分析、应急指挥机构及职责、处置程序和措施等内容。

a. 建立反突发事件应对执行机构。管理单位应成立反突发事件领导小组,完善应急救援组织机构,在突然发生险情故障时,应立即按照预案采取应急措施。

b. 完善反突发事件处置程序。管理单位现场巡查人员发现突发事件信息后,应立即报告反突发事件领导小组组长。在组长的指挥下实施抢救工作,并及时向上级单位汇报情况。

c. 落实反突发事件处置措施。管理单位应制订相关应急处置措施,包括配置应急工器具、设置应急指示牌、购置隔离带、加强教育培训等,并组织相关人员开展演练。

10.1.3 应急救援队伍

管理单位应建立与单位安全生产特点相适应的专(兼)职应急救援队伍或指定专(兼)职应急救援人员。必要时可与邻近专业应急救援队伍签订应急救援服务协议。

10.1.4 应急设施、装备、物资

根据可能发生的事故种类特点,设置应急设施,配备应急装备,储备应急物资,建立管理台账,安排专人管理,并定期检查、维护、保养,确保其完好、可靠。

10.1.5 应急预案演练及评估

(1) 管理单位每年至少组织一次综合应急预案演练或专项应急预案演练,每半年至少组织一次现场处置方案演练。

(2) 由管理单位职能部门制订应急救援演练实施方案,报单位负责人审核后实施。

(3) 做好演练记录,收集整理演练相关的文件、资料和影像记录,按照有关规定保存、

上报。

(4) 管理单位应对演练效果进行评审,根据评估结果定期修订完善。

10.2 应急处置

10.2.1 应急救援启动

(1) 生产安全事故发生后,管理单位的应急处理机构应当根据管理权限立即启动应急预案,积极组织救援,防止事故扩大,减少人员伤亡和财产损失,并立即将事故情况报告上级单位,情况紧急时,可直接报告地方人民政府应急管理部门。

(2) 管理单位的上级主管单位(部门)接到生产安全事故报告后,应根据事故等级,采取相应的应急响应行动,相关负责人应当带领应急队伍立即赶赴事故现场,参加事故应急救援。

(3) 公司的应急响应采用分级响应,即根据事故级别启动同级别应急响应行动。其中:Ⅰ、Ⅱ、Ⅲ级应急响应行动由江苏水源公司安全生产事故应急处理领导小组组织实施。Ⅳ级应急响应由江苏水源公司分公司宣布响应并由现场应急领导小组具体负责。

(4) 安全生产领导小组接到生产安全事故报告后,应根据事故等级和类型,成立事故应急救援工作组或专家组,及时赶赴事故现场,参与事故应急救援处置。同时,将事故情况报告相关上级部门。

10.2.2 应急救援处置

(1) 事故发生后,事发单位必须迅速采取有效措施,营救伤员,抢救财产,防止事故进一步扩大。

(2) 事故发生后,由安全生产领导小组牵头成立的现场应急指挥机构负责现场应急救援的指挥。各级应急处理机构在现场应急指挥机构统一指挥下,密切配合、共同实施抢险救援和紧急处置行动。现场应急指挥机构组建前,事发单位和先期到达的应急救援队伍必须迅速、有效地实施先期救援。

(3) 各级单位应按照事故现场应急指挥机构的指挥调度,提供应急救援所需资源,确保救援工作顺利实施。

(4) 应急救援单位应做好现场保护工作,因抢救人员和防止事故扩大等缘由需要移动现场物件时,应做出明显的标志,通过拍照、录像,记录或绘制事故现场图,认真保存现场重要物证和痕迹。

(5) 在事故应急处置过程中,应高度重视应急救援人员的安全防护,并根据生产特点、环境条件、事故类型及特征,为应急救援人员提供必要的安全防护装备。

(6) 在事故应急处置过程中,根据事故状态,应急指挥机构应划定事故现场危险区域范围,设置明显警示标志,并及时发布通告,防止人员进入危险区域。

10.2.3 应急救援善后

(1) 生产安全事故应急处置结束后,根据事故发生区域、影响范围,安全生产领导小组要督促、协调、检查事故善后处置工作。

(2) 相关主管单位(部门)及事发单位应依法认真做好各项善后工作,妥善解决伤亡人员的善后处理、受影响人员的生活安排,按规定做好有关损失的统计补偿。

(3) 管理单位应当依法办理工伤和意外伤害保险。安全事故应急救援结束后,公司及相关责任单位及时协助办理保险理赔和落实工伤待遇工作。

（4）管理单位的上级主管单位（部门）应组织有关部门对事故产生的损失逐项核查，编制损失情况报告。

（5）事发单位、上级主管单位（部门）及其他有关单位应当积极配合事故的调查、分析、处理和评估等工作。

（6）事发单位的上级主管单位应当组织有关单位共同研究，采取有效措施，尽快恢复正常生产。

10.3 应急评估

管理单位每年对应急准备工作进行一次总结评估；完成事故应急处置后，进行总结评估。

11 事故管理

11.1 事故报告

（1）管理单位应制订事故报告和调查处理制度，明确事故调查、原因分析、纠正和预防措施、事故报告、信息发布、责任追究等内容。

（2）发生事故后按照有关规定及时、如实地向上级单位及相关主管单位报告。

（3）事故分类

① 特别重大事故，是指造成30人以上死亡，或者100人以上重伤（包括急性工业中毒，下同），或者1亿元以上直接经济损失的事故；

② 重大事故，是指造成10人以上30人以下死亡，或者50人以上100人以下重伤，或者5 000万元以上1亿元以下直接经济损失的事故；

③ 较大事故，是指造成3人以上10人以下死亡，或者10人以上50人以下重伤，或者1 000万元以上5 000万元以下直接经济损失的事故；

④ 一般事故，是指造成3人以下死亡，或者10人以下重伤，或者1 000万元以下直接经济损失的事故。

（4）事故报告

① 事故快报

发生特别重大、重大、较大和造成人员死亡的一般事故以及非超标准洪水溃坝等严重危及公共安全、社会影响重大的涉险事故时，应进行事故快报。

a. 事故现场有关人员立即向现场负责人或安全生产领导小组报告。

b. 安全生产领导小组应立即报告公司相关职能部门。

c. 情况紧急时，事故现场有关人员可以直接向上级主管部门报告。

d. 事故快报应当包括下列内容：

e. 事故发生的时间、地点；发生事故的名称、主管班组；事故的简要经过及原因初步分析；事故已经造成和可能造成的伤亡人数（死亡、失踪、被困、轻伤、重伤、急性工业中毒等），初步估计事故造成的直接经济损失；事故抢救进展情况和采取的措施；其他应报告的有关情况。

② 事故月报

a. 每月 25 日前,安全生产领导小组应将当月事故信息报送上级主管部门。

b. 事故月报实行零报告制度,当月无生产安全事故也要按时报告。

③ 事故补报

事故报告后出现新情况的,应当及时补报。自事故发生之日起 30 日内,事故造成的伤亡人数发生变化的,应当及时补报;道路交通事故、火灾事故自发生之日起 7 日内,事故造成的伤亡人数发生变化的,应当及时补报。

11.2 事故调查和处理

11.2.1 事故现场管理

发生事故后,应积极抢救受伤者,采取措施防止事态蔓延扩大,并保护现场,做好现场标志、记录或进行拍照。

11.2.2 事故调查

(1) 管理单位必须积极配合由上级主管单位组织开展的事故调查。

(2) 一般及以上事故由事故发生地的人民政府组织事故调查组调查处理,管理单位配合调查。

(3) 事故调查组有权向有关部门和个人了解与事故有关的情况,并要求其提供相关文件、资料,相关部门和个人不得拒绝。

(4) 事故调查期间事故相关部门及个人不得擅离职守,应积极配合调查。

(5) 事故发生后按照有关规定,应组织事故调查组对事故进行调查,查明事故发生的时间、经过、原因、波及范围、人员伤亡情况及直接经济损失等。

(6) 事故调查组应根据有关证据、资料,分析事故的直接、间接原因和事故责任,提出应吸取的教训、整改措施和处理建议,编制事故调查报告。

11.2.3 事故处理

(1) 各类事故的处理,均应按"四不放过"的原则进行,即事故原因没有查清不放过,事故责任者未受到追究不放过,周围群众和事故责任者未受到教育不放过,未制订防止同类事故重复发生的措施不放过。

(2) 人身死亡事故应当按照负责事故调查的人民政府的批复,对本部门负有事故责任的人员进行处理。负有事故责任的人员涉嫌犯罪的,依法追究刑事责任。

(3) 事故调查完毕后,按调查单位要求编写事故调查报告。

(4) 事故调查完毕后,组织人员参加事故总结会议,使其充分了解事故原因和各自应负的责任,说明下阶段安全工作重点,防止类似事故再次发生。

(5) 针对原因制订事故预防、应急措施,对事故发生班组落实防范和整改措施情况进行监督检查。

11.3 事故档案管理

管理单位应建立完善的事故档案和事故管理台账,每年对事故进行统计分析。

12 持续改进

12.1 绩效评定

12.1.1 管理制度
管理单位要制订适用于本单位的安全生产标准化绩效评定管理制度,包括评定的组织、时间、人员、内容与范围、方法与技术、报告与分析等。

12.1.2 评定组织
管理单位应成立安全生产标准化绩效评定领导小组和安全生产标准化绩效评定工作小组。

领导小组全面负责安全生产标准化绩效评定工作,决策绩效评定的重大事项。

工作小组主要负责:制订安全生产标准化绩效评定计划;负责安全生产标准化绩效评定工作;编制安全生产标准化绩效评定报告;提出不符合项报告,对不符合项纠正措施进行跟踪和验证。

12.1.3 评定内容
评定内容主要是管理单位安全生产标准化实施情况,验证安全生产制度措施的适宜性、充分性和有效性,检查安全生产管理工作目标、指标完成情况,提出改进意见,形成评定报告。

12.1.4 评定方法
（1）对相关人员进行提问。
（2）查阅安全生产相关台账资料。
（3）检查工程现场各项安全生产工作。

12.1.5 评定频次
每年至少组织一次安全生产实施情况的检查评定。发生死亡事故后,重新进行评定。

12.1.6 评定结果
评定报告以正式文件印发,并向所有部门、所属单位通报结果。评定结果纳入单位年度绩效考评。

12.2 持续改进

12.2.1 修订安全生产规章制度及操作规程
管理单位应根据评定结果和预测预警趋势,每年定期修改安全生产规章制度及操作规程,并组织员工培训学习相关内容。

12.2.2 调整安全生产工作计划和措施
（1）管理单位要根据安全生产标准化绩效评定报告,及时修改安全生产工作计划。
（2）制订年度安全生产工作计划,每月还应制订详细的安全生产工作计划,主要包括安全生产大检查、召开安全生产工作会议、开展安全生产相关法律法规识别、评价、更新、开展安全生产月活动、安全专项治理检查等。
（3）结合工程实际,制订切实可行的安全生产工作措施,主要包括明确安全生产责任、定期检查、风险评价、安全培训、健全完善安全生产制度、消防安全管理等。

12.2.3 调整年度安全生产目标
安全生产目标要根据安全生产标准化绩效评定报告内容及时调整。

管理条件

1 范围

本文件规定了南水北调东线江苏水源有限责任公司辖管河道工程开展标准化管理堤防、穿堤建筑物和防汛仓库所需的硬件配置标准，是实现河道标准化管理的必备条件。

本文件适用于南水北调东线江苏水源有限责任公司辖管河道工程，类似工程可参照执行。

2 规范性引用文件

下列文件中的内容通过文中的规范性引用而构成本文件必不可少的条款。其中，注日期的引用文件，仅该日期对应的版本适用于本文件；不注日期的引用文件，其最新版本（包括所有的修改单）适用于本文件。

GB 50286　堤防工程设计规范

DB32/T 3935　堤防工程技术管理规程

国务院令第 647 号　南水北调工程供用水管理条例

NSBD15　南水北调工程渠道运行管理规程

NSBD21　南水北调东、中线一期工程运行安全监测技术要求（试行）

南水北调江苏水源公司防汛物资储备管理办法（试行）

3 术语和定义

本文件没有需要界定的术语和定义。

4 配置标准

4.1 堤防

河道堤防应配备工程巡查、安全监测、安全防护、水草打捞、视频监控、标识标牌等设施，管理配置标准详见附录 A、附录 B。

4.2 穿堤建筑物

河道穿堤建筑物管理配置标准可参照水闸启闭机或泵房管理条件，并结合实际进行适当简化。

4.3 防汛物资

河道工程应配备一定的防汛抢险物资，包括：抢险物资、救生器材、抢险机具、其他类别等，配置标准详见附录 C。

防汛仓库应配置照明设施、安全消防装置、防汛物资管理制度牌、防汛物资调运图、防汛物资管理台账、防汛抢险物资等,配置标准详见附录D、附录E。

5　考核评价

　　管理条件考核由公司、分公司组织。根据相关工程管理考核办法,对照评分标准,对项目部条件配置、执行以及更新情况进行考核。

附录 A 河道堤防管理配置标准表

序号	配置项目	配置要求
1	界桩界碑	应按不动产权证确定的范围布设界桩、界碑、公告牌等,包括河道工程管理、保护范围界桩,样式及参数见《管理标识》。
2	观测设施	应根据观测任务书布设断面桩及水位、水质等观测设施。
3	视频监视设备	重要险工险段、重要交通路口、重要交叉建筑物部位宜设置视频监视设备,像素不低于400万,视频输出分辨率不低于1 080 p,光学变倍不低于20倍。
4	安全防护设施	堤防临水面宜设置护栏,并配置一定数量的救生圈。
5	里程碑、百米桩	堤顶道路沿线里程整数位置应设置里程碑,里程碑之间的百米整数位置设置百米桩,样式及参数详见《管理标识》。
6	限高、限宽设施	在主要上堤道路入口宜设置限高、限宽设施,样式及参数详见《管理标识》。
7	标识标牌	包括河道警示标识,水法、防洪法宣传标识,安全警示标识,河道工程展板,管理范围和保护范围公告标识,参数详见《管理标识》。
8	巡查车、船	宜配置适应河道巡查路线的巡查车辆、船只。
9	河面保洁设备	宜配置捞草船、翻斗车等设备,工程输水期间,对河面水草、漂浮物等进行打捞清理。

附录 B 河道堤防管理条件配置示意图

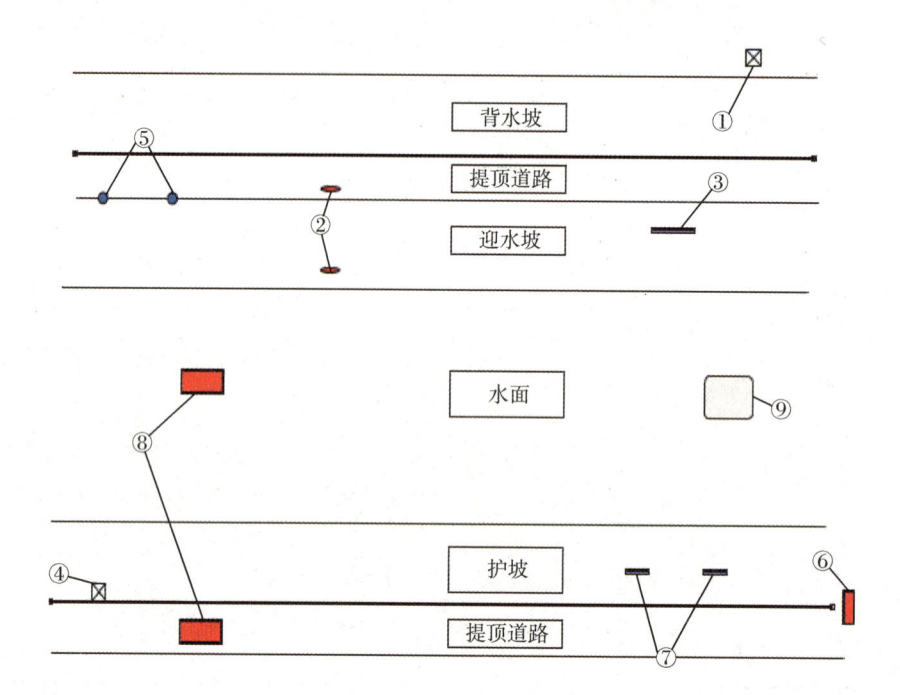

附录 C　防汛物资配置标准表

工程	配置内容	配置要求
每千米河道现场物资储备标准	抢险物资	袋类 500 条、铅丝 12 kg、绳类 10 kg。
	救生器材	救生衣(圈)5 只,救生圈应相应配置救生绳。
	抢险机具	便携式工作灯 1 只、投光灯 0.1 只、铁锹 2 把。
	其他	雨衣(批)1 件、雨靴(鞋)1 双。

附录 D　防汛物资仓库配置表

序号	管理条件	配置要求
1	照明设施	配备必要的日常照明,灯具采用防爆灯,配备应急照明灯及应急逃生指示灯。
2	安全消防装置	按消防设计要求布设火灾报警装置,配备足量的灭火器,灭火器应设置在位置明显和便于取用的地点,且不得影响安全疏散。
3	防汛物资管理制度牌	安装位置如附录 E 所示,底部宜距地面 1.4 m,参数详见《管理标识》。
4	防汛物资调运图	安装位置如附录 E 所示,与相邻标牌间距 30 cm,底部宜距地面 1.4 m。
5	防汛物资管理台账	包括采购、出入库、报废等记录。
6	防汛抢险物资	按照《南水北调江苏水源公司防汛物资储备管理办法(试行)》要求配置防汛抢险物资。

附录 E　防汛物资仓库管理条件配置示意图

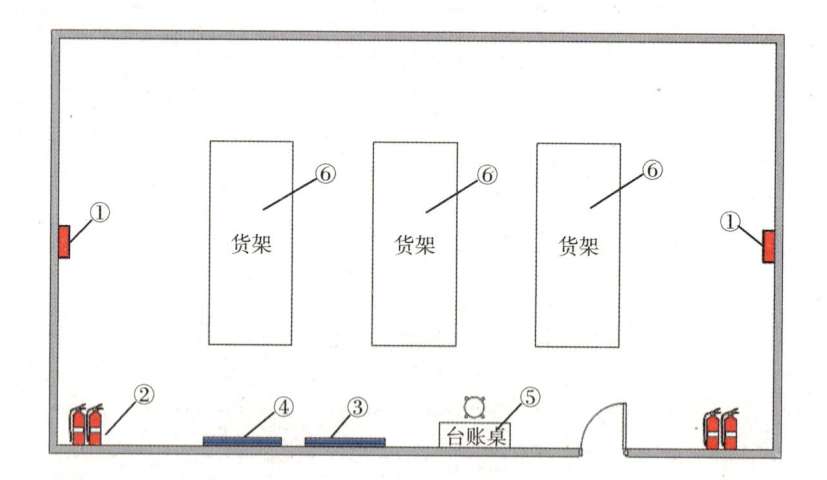

管理标识

1 范围

本文件规定了南水北调东线江苏水源有限责任公司辖管河道现场需配置的各类标识标牌,及标牌的规格、内容、材质,标牌的维护等内容。

本文件适用于南水北调东线江苏水源有限责任公司辖管河道工程,类似工程可参照执行。

2 规范性引用文件

下列文件中的内容通过文中的规范性引用而构成本文件必不可少的条款。其中,注日期的引用文件,仅该日期对应的版本适用于本文件;不注日期的引用文件,其最新版本(包括所有的修改单)适用于本文件。

GB 2894　安全标志及其使用导则

GB 13495　消防安全标志

GB 5768.2　道路交通标志和标线 第2部分:道路交通标志

SL/T 171　堤防工程管理设计规范

NSBD15　南水北调工程渠道运行管理规程

3 术语和定义

下列术语和定义适用于本文件。

3.1 公告类标识标牌

河道管理范围内设置的用于工程基本情况介绍、管理及保护界限范围公示、宣传及提示的标识标牌。

3.2 安全类标识标牌

河道管理及保护范围内设置的警示、防范及提醒的标识标牌,引起人们对不安全因素的注意,预防和避免事故的发生。

4 一般规定

(1)为推进河道工程标识标牌标准化建设,结合实际,制订标识标牌的种类、规格、样式、制作工艺、安装位置等内容,以求清晰醒目、规范统一、美观耐用。

(2)标识标牌按照功能、使用环境进行分类。本标准规定的标识标牌,按照功能分为公告类和安全类等,按照使用环境分为室外、室内、其他部位标识标牌。

(3)室内标牌宜使用不锈钢板、亚克力及其他辅材,采用烤漆、丝网印刷;室外标牌宜使用不锈钢材质,贴反光膜,要求抗紫外线、抗老化性好。

(4) 标识标牌的内容由工程管理单位参照本标准自行拟定。标识标牌实际尺寸，可根据建筑物及设备现场尺寸，对标牌进行同比例缩放，达到协调、美观效果。

5 公告类标识标牌

5.1 一般规定

（1）公告类标识标牌包括工程简介牌、管理范围和保护范围公告牌、管理区域分界标识、水法规告知牌、险工险段牌、百米桩标识、里程桩标识、电缆桩标识、观测标点牌等，公告类标识标牌设置见附录 A。

（2）公告类标识标牌一般为单面设置，管理范围与保护范围公告牌、水法规告知牌等宜双面设置。

5.2 工程简介牌

（1）标牌内容包括河道名称、工程建设及管理简介、平面图、断面图、责任人等。
（2）标牌应设置于河道沿线显要位置。

5.3 管理范围和保护范围公告牌

（1）标牌内容包括河道工程管理范围、保护范围。
（2）标牌应设置于河道沿线显要位置。

5.4 管理界桩（牌）

（1）管理界桩（牌）分为管理线界桩和管理线界牌。内容包括管理范围桩、工程名称、界桩编号、"严禁破坏"及"严禁移动"等警示语。
（2）界桩位置应与确权划界成果中的位置对应。界桩埋设时，"严禁移动"面应背向河道，并与河岸线平行。

5.5 管理区域分界牌

（1）标牌内容应包括工程名称、对应管理单位名称以及"禁止移动""禁止破坏"警示语。
（2）标牌应设置在管理单位交界处醒目位置。

5.6 水法规告知牌

（1）标牌内容包括《中华人民共和国水法》《中华人民共和国防法》《南水北调供用水管理条例》的摘选。
（2）标牌应设置在河道沿线显要位置。

5.7 百米桩、里程桩、电缆桩标识

（1）百米桩应每 100 m 设置一个，桩号为个位数。里程桩应每 1 km 设置一个，桩体从上至下分别标注河道名称、公里数。电缆桩应每 50 m 设置一个，电缆、光缆每个转角处应

设置一个。

(2) 百米桩、里程桩应设置在河道两侧迎水坡堤肩线上。

5.8 观测标点牌

(1) 标牌内容包括河道断面等观测标点。

(2) 标牌应根据工程实际设置在相关观测标点位置。

6 安全类标识标牌

6.1 一般规定

(1) 安全类标识标牌包括警示牌、交通标识牌、安全设施标识牌等,安全类标识标牌设置见附录B。

(2) 多个安全标识标牌设置在一起时,应按照警告、禁止、指令、提示的顺序,先左后右、先上后下排序。

6.2 警示标牌

(1) 警示标牌主要为工程部位安全注意事项,包括禁止捕鱼、游泳,禁止在河道管理范围内进行爆破、取土、打井等行为。

(2) 标牌应设置在河道沿线人员聚集区、重要交叉道口、跨河桥梁等醒目位置。

6.3 交通标识牌

(1) 标牌类型包括限载、限高、限速等标识标牌。

(2) 应设置于堤顶道路交叉道口限高、限载装置上。

6.4 安全设施标识牌

(1) 标牌类型包括救生设施标识牌等。

(2) 应设置在河道沿线救生设施的标识上,救生设施宜在河道沿线每1 km设置1处,另外在人员聚集区也应设置。

6.5 安防标识牌

(1) 标牌类型包括安防设施标识牌等。

(2) 应设置在河道沿线视频监视立杆部位。

7 其他类标识标牌

7.1 一般规定

(1) 其他类标识标牌包括防汛物资仓库门牌、防汛物资管理制度牌等,其他类标识标牌设置见附录 C。

（2）应设置在工程相应位置。

8　标识标牌维护

（1）工程标识标牌应每季度检查维护一次,及时清洁,保持清晰干净。

（2）发现以下问题的任何一项,应对标识进行维修或更换。在维修或更换安全标识标牌时应有临时标识标牌替换,以免发生意外伤害。

　　① 失色或变色；
　　② 材料明显有变形、开裂、表面剥落等；
　　③ 固定装置脱落；
　　④ 遮挡；
　　⑤ 照明亮度不足；
　　⑥ 损毁等。

9　考核与评价

（1）南水北调东线江苏水源有限责任公司对分公司工程管理标识的管理工作进行定期评价。

（2）分公司对辖管管理项目部的标识管理工作进行定期评价。

（3）管理项目部依据《南水北调江苏水源公司工程管理考核办法》及标准化体系文件,对标识管理工作进行自评,对标准实施中存在的问题进行整改。

（4）评价依据包括标识标牌现状、检查维护记录等,检查评价应有记录。

（5）评价方法包括抽查、考问等,检查评价应有记录。

（6）对于标识管理工作的自评、考核每年不少于一次。

附录 A　公告类标识标牌

A.1　工程简介牌

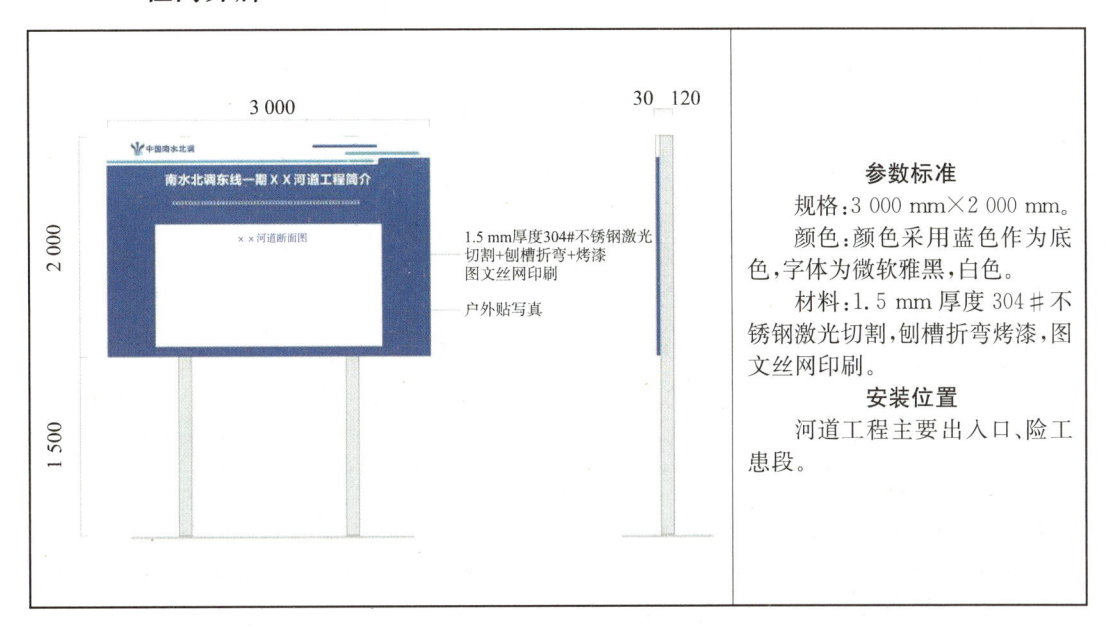

参数标准

规格：3 000 mm×2 000 mm。

颜色：颜色采用蓝色作为底色，字体为微软雅黑，白色。

材料：1.5 mm 厚度 304♯不锈钢激光切割，刨槽折弯烤漆，图文丝网印刷。

安装位置

河道工程主要出入口、险工患段。

A.2　管理范围和保护范围公告牌

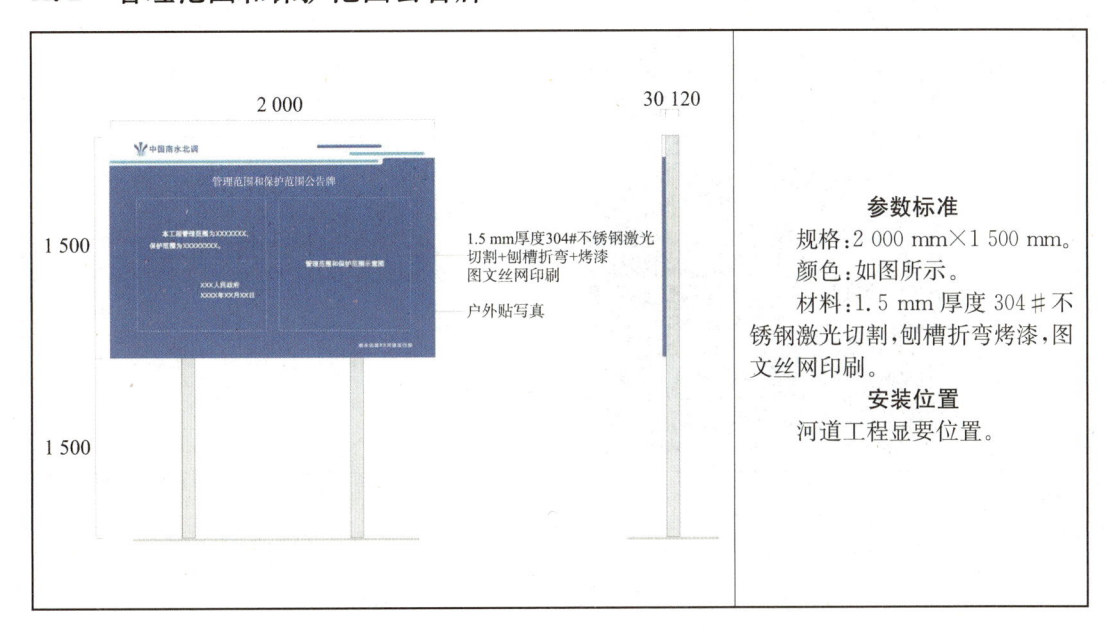

参数标准

规格：2 000 mm×1 500 mm。

颜色：如图所示。

材料：1.5 mm 厚度 304♯不锈钢激光切割，刨槽折弯烤漆，图文丝网印刷。

安装位置

河道工程显要位置。

A.3 管理线界桩

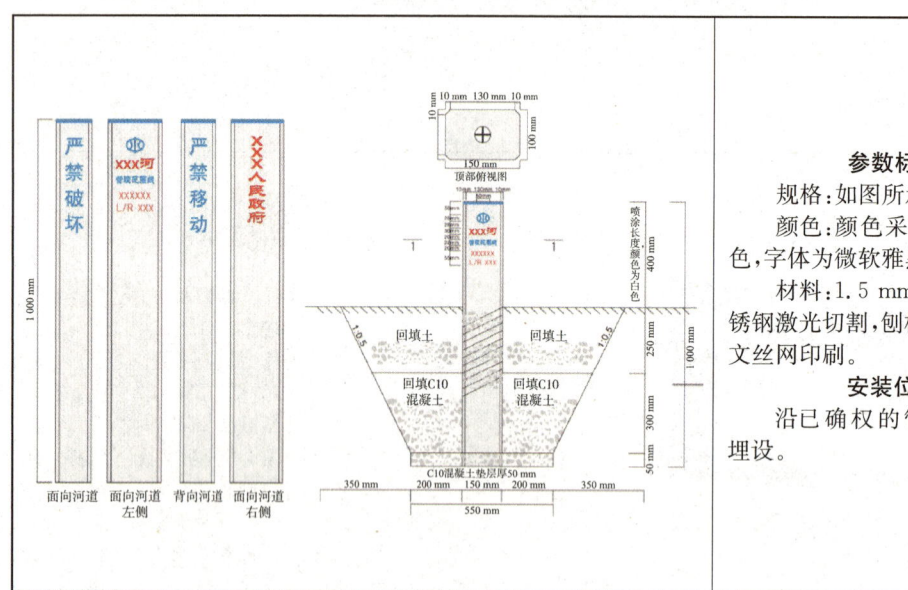

参数标准
规格：如图所示。
颜色：颜色采用蓝色作为底色，字体为微软雅黑。
材料：1.5 mm 厚度 304♯不锈钢激光切割，刨槽折弯烤漆，图文丝网印刷。
安装位置
沿已确权的管理范围边线埋设。

A.4 管理区域分界标识

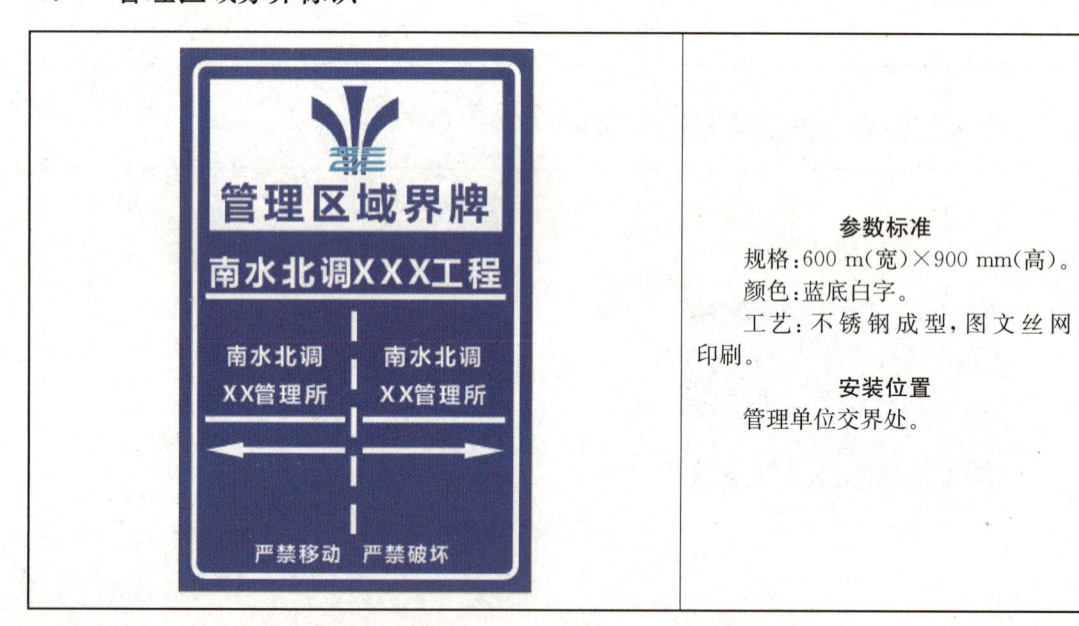

参数标准
规格：600 mm（宽）×900 mm（高）。
颜色：蓝底白字。
工艺：不锈钢成型，图文丝网印刷。
安装位置
管理单位交界处。

A.5　水法规公告牌

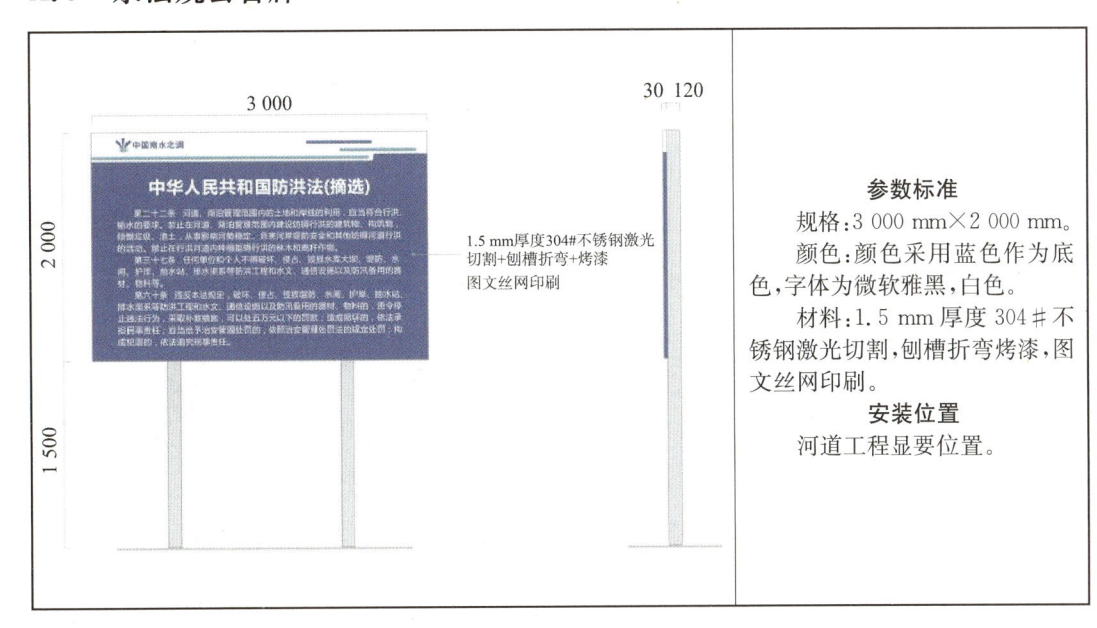

参数标准
规格：3 000 mm×2 000 mm。
颜色：颜色采用蓝色作为底色，字体为微软雅黑，白色。
材料：1.5 mm 厚度 304♯不锈钢激光切割，刨槽折弯烤漆，图文丝网印刷。
安装位置
河道工程显要位置。

A.6　险工险段牌

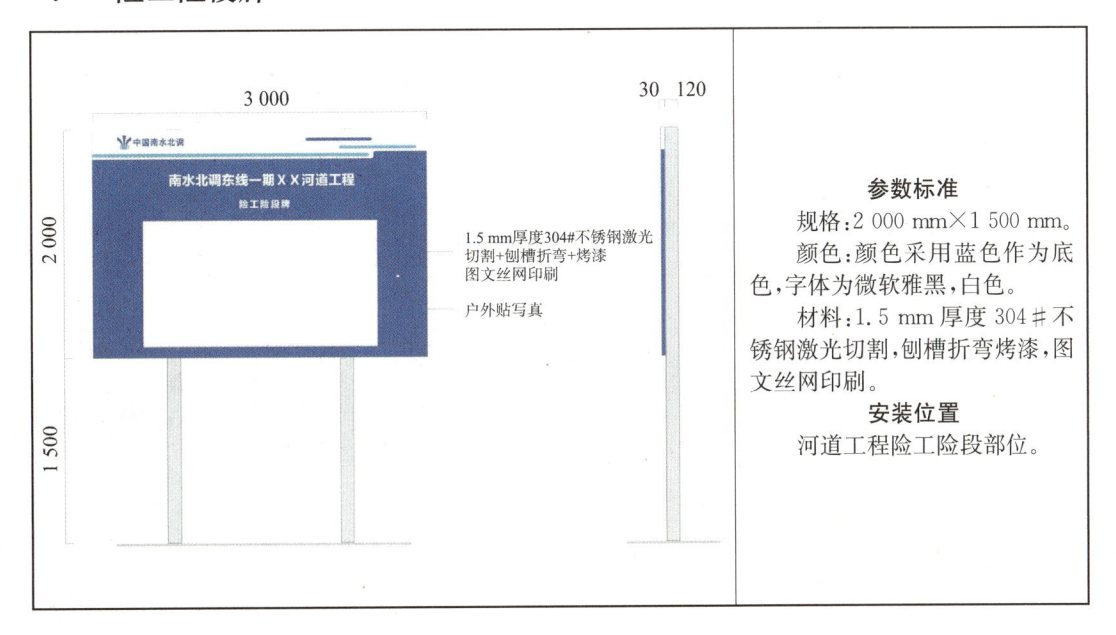

参数标准
规格：2 000 mm×1 500 mm。
颜色：颜色采用蓝色作为底色，字体为微软雅黑，白色。
材料：1.5 mm 厚度 304♯不锈钢激光切割，刨槽折弯烤漆，图文丝网印刷。
安装位置
河道工程险工险段部位。

A.7　百米桩标识

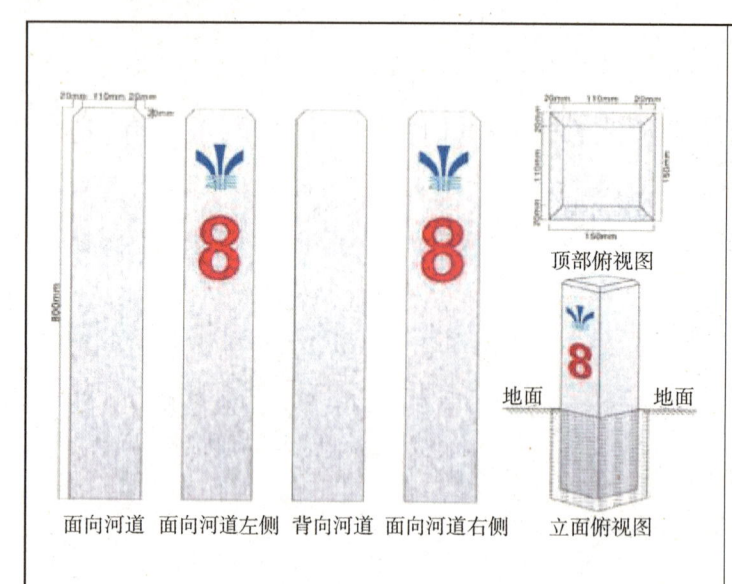

参数标准
规格:150 m(宽)×800 m(高)×150 mm(厚)。
颜色:如图所示。
工艺:芝麻灰石材加工,信息石材阴刻填漆。
安装位置
河道堤顶道路沿线单侧设置,每100米设置百米桩。

A.8　里程桩标识

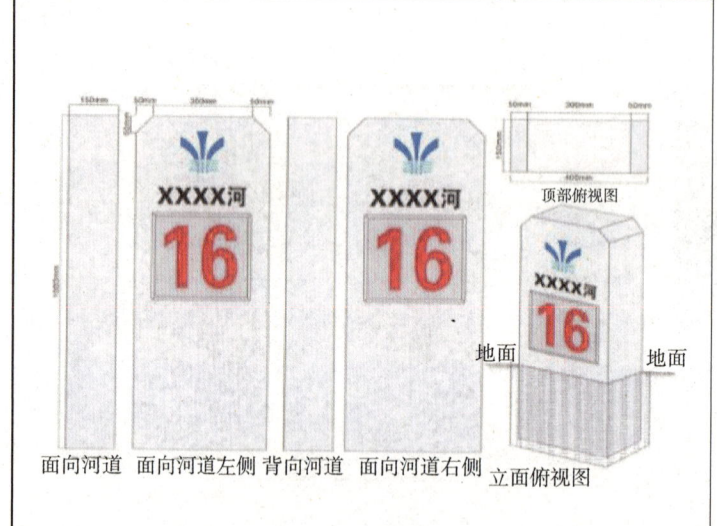

参数标准
规格:里程桩 400 m(宽)×1 000 m(高)×150 mm(厚)。
颜色:如图所示。
工艺:芝麻灰石材加工,信息石材阴刻填漆。
安装位置
河道堤顶道路沿线单侧设置,每1 km设置1块里程桩。

A.9　电缆桩标识

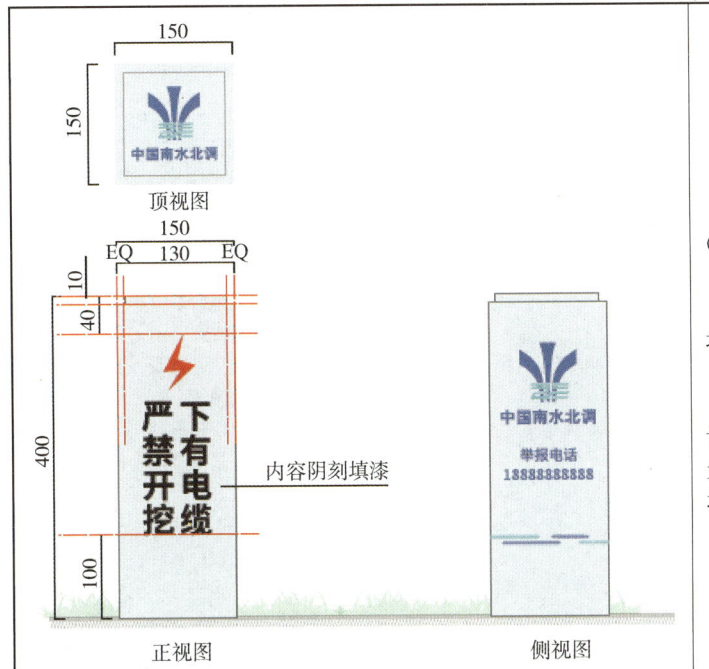

参数标准
规格:400 mm(宽)×150 mm(高)。
颜色:如图所示。
工艺:大理石,LOGO 文字阴刻填充。

安装位置
草坪地电缆光缆通道直线段标识桩、板每隔 50 m 埋设 1 件,电缆、光缆每个转角处接头都应该埋设 1 块电缆、光缆标识桩。

A.10　观测标点牌

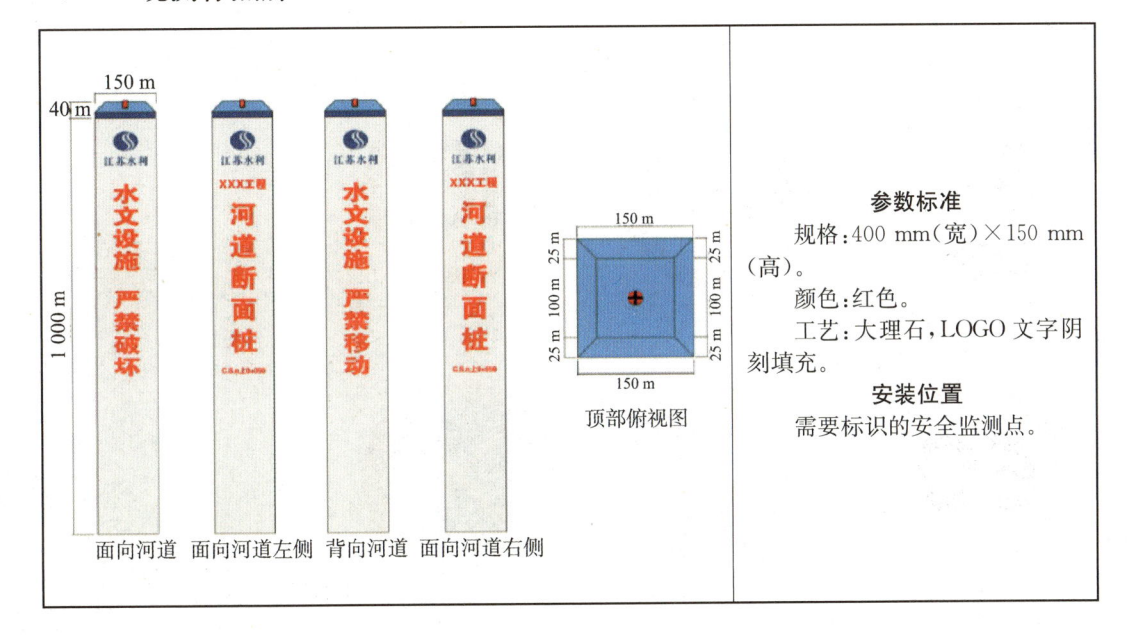

参数标准
规格:400 mm(宽)×150 mm(高)。
颜色:红色。
工艺:大理石,LOGO 文字阴刻填充。

安装位置
需要标识的安全监测点。

附录 B 安全类标识标牌

B.1 禁止捕鱼游泳牌

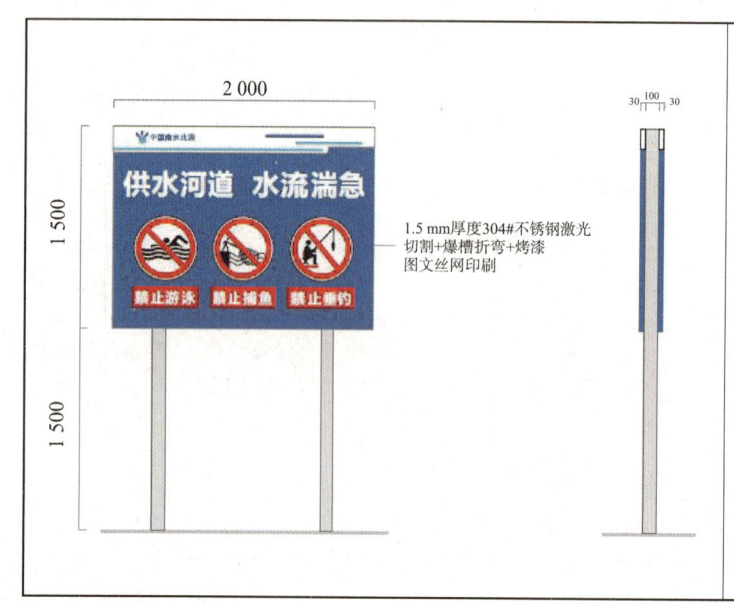

图示	参数标准
（大牌规格示意图：2 000×1 500，立柱1 500；标牌内容"供水河道 水流湍急"，禁止游泳、禁止捕鱼、禁止垂钓；1.5 mm厚度304#不锈钢激光切割+爆槽折弯+烤漆 图文丝网印刷）	**参数标准** 规格：大牌规格为 200 cm（长）×150 cm（高）；小牌规格为 100 cm（长）×50 cm（高）。 颜色：底色为黄色，字为黑色，示意图为红色。 材料：1.5 mm 厚度 304# 不锈钢激光切割＋刨槽折弯＋反光膜。 **安装位置** 河道沿线每 1 km 一块，沿线人员聚居区、重要交叉道口、跨河桥梁等醒目位置。

B.2 交通标识牌

限高标识	限宽标识	限载标识	
（3.5m）	（3m）	（10t）	参数标准及安装位置参见 GB 5768.2
限速标识	禁止驶入	禁止车辆停放	
（60）	（禁止驶入）	（禁止停放）	

B.3 救生器材标识

参数标准
规格：500 mm（高）×900 mm（宽），高度可根据实际情况调整。
颜色：白底红字。
工艺：2 mm 铝板烤漆丝印。
安装位置
安装在河道沿线救生设施上。

B.4 安防标识牌

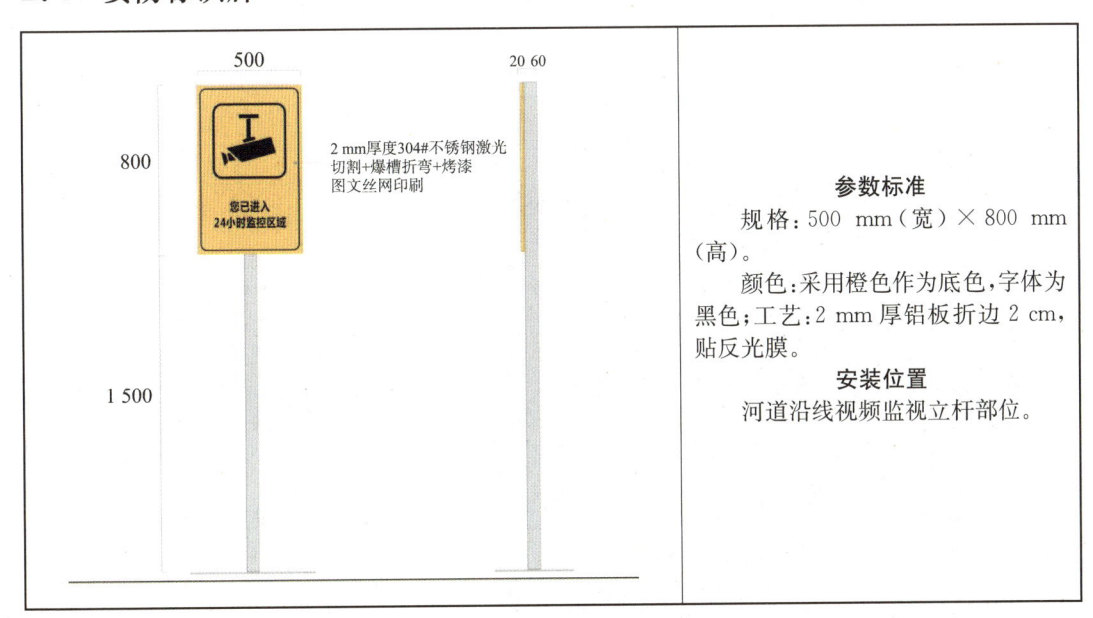

参数标准
规格：500 mm（宽）×800 mm（高）。
颜色：采用橙色作为底色，字体为黑色；工艺：2 mm 厚铝板折边 2 cm，贴反光膜。
安装位置
河道沿线视频监视立杆部位。

附录 C 其他类标识标牌

C.1 防汛物资仓库门牌

参数标准

规格：360 mm（宽）× 180 mm（高）。

颜色：颜色采用蓝色作为底色，字体为微软雅黑，白色。

工艺：亚克力激光切割烤漆，图文丝网印刷。

安装位置

布置于仓库室外一侧墙面上。

C.2 防汛物资管理制度牌

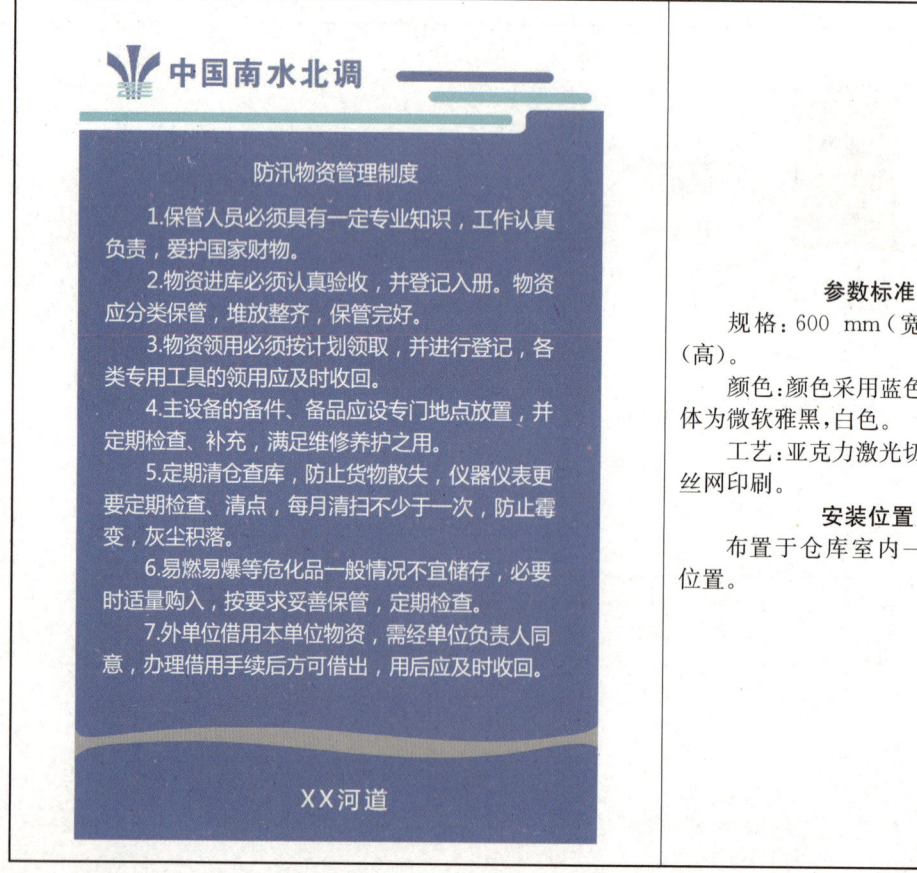

参数标准

规格：600 mm（宽）× 900 mm（高）。

颜色：颜色采用蓝色作为底色，字体为微软雅黑，白色。

工艺：亚克力激光切割烤漆，图文丝网印刷。

安装位置

布置于仓库室内一侧墙面显要位置。

C.3　防汛物资调运图

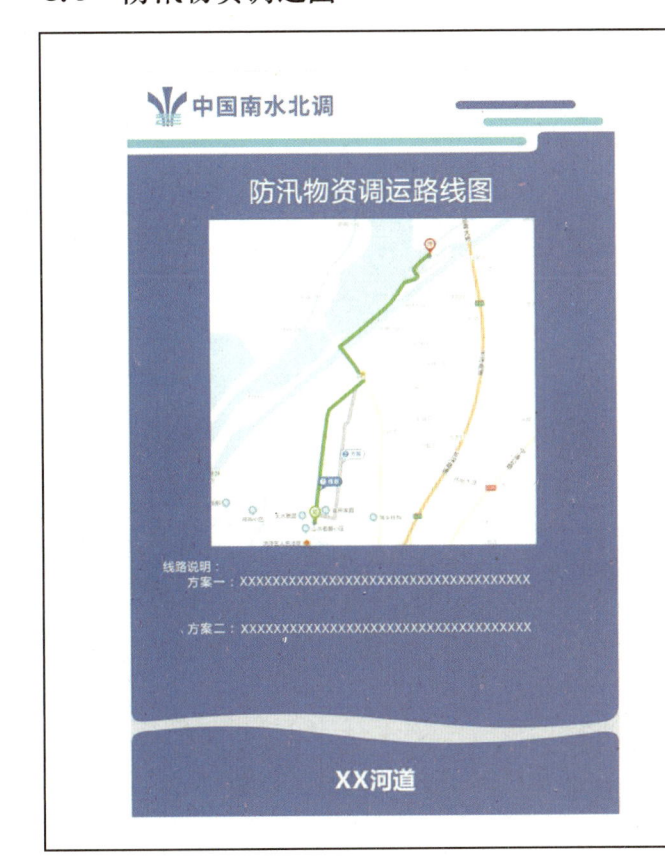

参数标准

规格:600 mm(宽)×900 mm(高)。

颜色:颜色采用蓝色作为底色,字体为微软雅黑,白色。

工艺:亚克力激光切割烤漆,图文丝网印刷。

安装位置

布置于仓库室内一侧墙面显要位置。

管理行为

1 范围

本标准规定了南水北调东线江苏水源有限责任公司辖管河道工程巡视检查、维修养护、工程观测等管理行为,并以图形方式提供了作业指导书的范本。

本标准适用于南水北调东线江苏水源有限责任公司辖管河道工程,类似工程可参照执行。

2 规范性引用文件

下列文件中的内容通过文中的规范性引用而构成本文件必不可少的条款。其中,注日期的引用文件,仅该日期对应的版本适用于本文件;不注日期的引用文件,其最新版本(包括所有的修改单)适用于本文件。

GB 50286　堤防工程设计规范
SL 260　堤防工程施工规范
SL 595　堤防工程养护修理规程
SL/T 794　堤防工程安全监测技术规程
DB32/T 3935　堤防工程技术管理规程
国务院令第 647 号　南水北调工程供用水管理条例
NSBD15　南水北调工程渠道运行管理规程
NSBD21　南水北调东、中线一期工程运行安全监测技术要求(试行)

3 术语和定义

本文件没有需要界定的术语和定义。

4 工程巡视检查

4.1 一般规定

(1) 值班人员应按规定的巡视路线和巡视项目对河道堤防进行巡查。

(2) 河道堤防巡查范围包括河道及堤防工程管理范围。

(3) 非汛期或非运行期每周巡视检查 2 次,河道输水运行期、汛期每天巡查 1 次,特殊情况下可根据实际情况加密巡查频次。

(4) 巡视检查重点包括河道水面、堤防外观、堤岸防护、穿堤建筑物、护堤地及工程保护范围、附属设施等。

(5) 河道工程巡视检查人员应随身携带必要的工器具(如手电筒、量尺等),穿戴必要的防具(如反光背心、胶靴、手套、手杖等),检查时应认真、细致,采取眼看、耳听、手摸等方式进行。

（6）河道巡视检查应有清晰、完整、准确、规范的检查记录（包括图片和视频录像）。巡视检查中发现工程问题或异常情况，应及时处理并详细记录在运行记录上。对重大问题或严重情况应及时向值班负责人汇报，采取及时有效的处置措施。

4.2 巡视检查主要内容

4.2.1 河道水面

（1）水质外观是否正常，有无明显污染物。

（2）河面有无明显水草、渔网、杂物等阻水障碍。

4.2.2 堤防外观

（1）堤身断面及堤顶高程是否符合设计标准。

（2）堤顶是否坚实平整，堤肩线是否顺直；有无凹陷、裂缝、残缺，相邻两堤段之间有无错动；是否存在硬化堤顶与土堤或垫层脱离现象。

（3）堤坡是否平顺；有无雨淋沟、滑坡、裂缝、塌坑、洞穴；有无杂物垃圾堆放；有无害堤动物洞穴和活动痕迹；有无渗水；排水沟是否完好、顺畅；排水孔是否顺畅；渗漏水量有无变化等。

（4）堤脚有无隆起、下沉，有无冲刷、残缺、洞穴。

（5）混凝土有无溶蚀、侵蚀、冻害、裂缝、破损等。

（6）砌石是否平整、完好、紧密；有无松动、塌陷、脱落、风化、架空等。

4.2.3 堤岸防护

（1）坡式护岸

① 坡面是否平整、完好，砌体有无松动、塌陷、脱落、架空、垫层淘刷等；护坡上有无杂草、杂树和杂物等。

② 浆砌石或混凝土护坡变形缝和止水是否正常完好；坡面是否发生局部侵蚀剥落、裂缝或破碎老化，排水孔是否顺畅。

（2）墙式护岸

① 混凝土墙体相邻段有无错位；变形缝开合和止水是否正常；墙顶、墙面有无裂缝、溶蚀；排水孔是否顺畅。

② 浆砌石墙体变形缝内填料有无流失；坡面是否发生侵蚀剥落、裂缝或破碎、老化；排水孔是否顺畅。

（3）护脚表面有无凹陷、坍塌；护脚平台及坡面是否平顺；护脚有无冲动。

（4）河势有无较大改变，滩岸有无坍塌。

4.2.4 穿(跨)堤建筑物

（1）穿堤建筑物与堤防的接合是否紧密，是否有渗水、裂缝、坍塌等。

（2）穿堤建筑物与土质堤防的接合部临水侧截水设施是否完好；背水侧反滤排水设施有无阻塞；穿堤建筑物变形缝有无错动、渗水、断裂。

（3）跨堤建筑物支墩与堤防的接合部是否有不均匀沉陷、裂缝、空隙等。

（4）上、下堤道路及其排水设施与堤防的接合部有无裂缝、沉陷、冲沟。

（5）跨堤建筑物与堤顶之间的净空高度能否满足堤顶交通、防汛抢险、管理维修等方面的要求。

(6) 检查穿（跨）堤建筑物有无损坏；按照有关规定对穿（跨）堤建筑物机电设备进行检查。

4.2.5 护堤地与工程保护范围

(1) 背水堤坡和堤脚以外有无管涌、渗水等；

(2) 护堤地与保护范围内有无违章种植、违章养殖、违章建设等现象。

4.2.6 防渗及排水设施

(1) 防渗设施保护层是否完整，渗漏水量和浑浊度有无变化。

(2) 排水沟进口处有无孔洞暗沟，沟身有无沉陷、断裂、接头漏水、阻塞，出口有无冲坑悬空；减压井井口是否完好，有无积水流入井内。

(3) 减压井、排渗沟是否淤堵。

(4) 排水导渗体或滤体有无淤塞。

4.2.7 河道堤防附属设施

(1) 观测设施

① 观测设施是否完好，能否正常观测。

② 观测设施的标志是否缺失或损坏，观测设施及其周围有无动物巢穴。

(2) 交通与通信设施

① 堤防工程交通道路的路面是否平整、坚实，是否符合有关标准要求。

② 堤防工程道路上有无打场、晒粮等。

③ 堤顶交通道路所设置的安全管理设施及路口所设置的安全标志是否完好。

④ 堤防工程通信网的各种设施是否完好，能否正常运行。

(3) 其他附属设施

① 堤防上的里程牌、百米桩、界牌、界碑、警示牌等是否有丢失或损坏。

② 堤岸防护工程的标志牌和护栏有无损坏、丢失。

③ 河道堤防管理房有无损坏、漏雨等。

④ 是否按规定配备要求种类、数量的防汛抢险物资，各种防汛抢险物资、设施是否完好，防汛仓库是否完好。

⑤ 防浪林带、护堤林带的树木、草皮护坡有无老化和缺损，是否有人为破坏、病虫害及缺水现象。

4.3 巡视作业指导书

应按照4.2节内容及现场实际情况，编制《河道工程巡视作业指导书》，具体内容见附录A。

5 工程维护

5.1 一般规定

(1) 河道工程维护分为日常养护、工程维修。

(2) 日常养护中，对检查发现的局部缺陷应及时进行处理。

(3) 工程维修参照《江苏水源公司维修养护项目管理办法》的规定执行。

5.2 日常养护

5.2.1 堤身工程

(1) 堤顶

① 堤顶、堤肩、道口等的养护应做到平整、坚实、无杂草、无弃物。

② 堤顶养护应做到堤线顺直、饱满平坦,无车槽,无明显凹陷、起伏,平均每5.0 m长堤段纵向高差不应大于0.1 m。堤顶应设单侧或双侧横向坡,坡度宜保持在1.0%～1.5%。

③ 堤肩养护应做到无明显坑洼,堤肩线平顺规整,堤肩宜植草防护。

④ 未硬化堤顶的养护应符合下列要求:堤顶泥泞期间,应及时排除积水;雨后应及时对堤顶洼坑进行补土垫平、夯实;旱季宜对堤顶洒水养护。

⑤ 硬化堤顶的养护应符合下列要求:平整无积水、无凹坑、裂缝、松动等;应及时清除堤顶积水;泥结碎石堤顶应适时补充磨耗层和洒水养护,保持顶面平顺、结构完好。

⑥ 3级及以上堤防的堤顶宜进行硬化处理,硬化材料可选用沥青混凝土。

(2) 堤坡

① 堤坡应保持设计坡度,坡面平顺,无雨淋沟、陡坎、洞穴、陷坑、杂物等。

② 戗台应保持设计宽度,台面平整,平台内外缘高度差符合设计要求。

③ 排水设施完好,无缺损、无杂物、无堵塞。

④ 堤坡、戗台出现局部残缺和雨淋沟等,应按原设计标准修复,所使用土料应符合筑堤土料要求,并应进行夯实、刮平处理。

⑤ 堤脚线应保持连续、清晰。

⑥ 上下堤坡道应保持顺直、平整,无沟坎、凹陷、残缺,禁止削堤筑路。

⑦ 土质坡面应植草覆盖,背水侧堤坡的草皮覆盖率达到95%以上。

(3) 护坡

① 抛石、砌石、混凝土护坡养护应保持坡面平顺、砌块完好、砌缝紧密,无松动、裂缝、塌陷、脱落、架空、风化等现象,无杂草、杂树、杂物,保持坡面整洁。

② 抛石护坡养护应符合下列要求:坡面无明显凸凹现象;出现局部凹陷,应抛石修整排平,恢复原状。

③ 干砌块石护坡养护应符合下列要求:填补、整修变形或损坏的块石;更换风化或冻毁的块石,并嵌砌紧密;护坡局部塌陷或垫层被淘刷,应先翻出块石,恢复土体和垫层,将块石嵌砌紧密。

④ 混凝土或浆砌石护坡养护应符合下列要求:定期清理护坡表面杂物;变形缝内填料流失应及时填补,填补前将缝内杂物清除干净;浆砌石的灰缝脱落应及时修补,修补时将缝口剔清刷净,修补后洒水养护;护坡局部发生侵蚀剥落或破碎,应采用水泥砂浆进行抹补、喷浆处理;破碎面较大且有垫层淘刷、砌体架空现象的,应填塞石料进行临时处理,岁修时彻底整修;排水孔堵塞,应及时疏通;护坡局部出现裂缝,应加强观测,判断裂缝成因,进行处理。

⑤ 模袋混凝土护坡养护应符合下列要求:按规定时间检查模袋固定是否牢固;及时对模袋混凝土破面进行清理,禁止坡面存有腐殖质石块等尖角杂物。

（4）防洪墙、挡浪墙养护应符合下列要求：

① 防洪墙、挡浪墙表面的杂草和杂物应及时清除，保持整洁。

② 变形缝内流失的填料应及时填补，填补前应将缝内杂物清除干净，如浆砌石挡浪墙勾缝损坏应及时清除。

③ 钢筋混凝土防洪墙（堤）、挡浪墙表面发生风化剥落，应将风化表层凿除，采用涂料涂层防护或用水泥砂浆等材料进行表面修补。

④ 防洪墙（堤）附近地面如发现水沟、坑洼，应及时填平。

（5）防渗及排水设施养护应符合下列要求：

① 防渗设施保护层应保持完好无损，及时更换防渗体断裂、损坏、失效部分。

② 应修复排水设施进口处的孔洞暗沟、出口处的冲坑悬空，清除排水沟内的淤泥、杂物及冰塞，确保排水体系畅通。

③ 如排渗沟保护层损坏，应及时修复。

（6）护堤地养护应符合下列要求：

① 护堤地的养护应做到边界明确，地面平整，排水畅通，整洁无杂物。

② 护堤地有界埂或界沟的，应保持其规整、无杂草。

③ 界埂出现残缺应及时修复，界沟出现阻塞应及时疏通。

④ 有巡查便道的，应保持畅通。

（7）植物防护养护应符合下列要求：

① 应及时清除高秆、阔叶类杂草；草皮中有大量杂草或灌木的，宜采用人工挖除的方法进行清除；草高不宜超过 15.0 cm。

② 草皮出现枯死、损毁或遭雨水冲刷流失时，应及时补植，覆盖率应保持在 95% 以上；同时应及时还原坡面，采用补植或更新的方法进行维修。

③ 草皮缺水或缺肥影响生长时，应适时浇水或施肥。

④ 补植或更新草皮时，应加强护理，确保绿化效果。

⑤ 林木保存率应大于 95%，缺损较多的，应及时补植。

⑥ 新植树木歪斜时，应及时扶正培土。

⑦ 林木应适时进行锄草、中耕松土、浇水、病虫害防治、涂白（以秋季为宜）。

⑧ 林地积水时，应开沟沥水，及时排除积水。

⑨ 定期修枝，修枝切口应平滑。

⑩ 根据林木培育目的、林木发生灾害情况组织间伐。

⑪ 林木品种达到轮伐期，应组织林木更新采伐。

（8）管理设施管护

① 桩、牌、碑及交通设施养护：里程桩、分界桩应完好，损坏或丢失应及时补充，倾斜应及时扶正；标志牌、宣传牌、警示牌、工程简介牌等应保持材质、式样、颜色一致、字迹清晰，当内容变化或牌面老化时，应及时维修更新；里程碑、界碑应保持式样一致、字迹清晰，碑面清洁；与交通道路配套的交通闸口，如有损坏应及时维修；堤防限行设施应完好，毁坏时应及时维修。

② 观测设施养护：测量控制系统的起测点和工作基点校核应执行有关规范，观测设施如有损坏应及时修复或更新；观测设施应由专业人员定期检查校正，若发生变形或损坏，应

及时修复、校测。

③ 监控设施管护：监控设施应指定专人操作；非管理人员不得进入监控室，如有特殊需要须经管理人员同意；监控室应保持通风、整洁，不得存放无关物品；定期对监控设施进行回放检查，如有故障、图像不清等情况，应及时处理；每半年对软件系统进行一次全面维护；做好监控日志记录，详细记录监控录像的运转、维护、检查、调阅等情况；录像资料应按规定时间存放。

④ 管理及办公设施养护：生产管理与生活区的建筑或设施，包括办公室、配电房、仓库、宿舍、食堂、卫生间等应保持整洁，符合卫生、安全、防火要求，并应划分责任区，设标志牌，环境卫生分片包干到人；做好生产管理与生活区环境建设，应定期对房屋和围墙进行粉刷或油漆；按照绿化美化总体规划布局，合理种植、补植，更新草坪、花卉和树木，绿化率保持在90%以上；及时修复损毁的硬化地面、路面；输电、通信线路及管网应铺设整齐。

⑤ 防汛物资养护：防汛物料的存储应遵循"分级储备、分级管理"的原则，且位置适宜、存放规整、取用方便，有防护措施。仓库内存储的物料，应按有关规定妥善保管，批量存放的应定期进行清点、检查，不足或破损的物料应及时补充、更换。防汛抢险配备的车辆、机械设备应按相应要求进行养护，定期检查，发现故障及时维修，保持正常运转状态。防汛抢险机械应定期开机进行试运行。

5.2.2 设备维护清单

结合工程实际编制《河道养护工作清单》，具体内容见附录B，维护周期分为日、月、季、年4个频次。

6 工程观测

(1) 河道工程常规观测项目包括以下四项：过水断面观测、大断面观测、河道地形观测、断面桩桩顶考证。

(2) 河道工程专项探测包括堤防隐患探测与水下根石（抛石）探测，对重点堤段可根据查险抢险需要适时进行应急探测，专项探测工作开展可参照 SL/T 794 要求。专项探测宜委托专业队伍开展。

(3) 河道观测设施维护

① 结合工程日常检查、定期检查，加强观测设施检查，确保断面桩完好，桩体无破损，标点无锈蚀、损坏，标点标牌字迹清晰、无缺损。

③ 发现断面桩缺损，及时进行补充埋设，并对桩顶高程进行重新考证。

(4) 河道堤防工程观测作业指导书

结合工程实际对河道工程常规观测项目编制《河道堤防工程观测作业指导书》，主要内容包括观测任务、观测频次、观测准备、观测方法及要求、资料整理和分析、注意事项等，具体内容见附录C。

7 考核与评价

(1) 南水北调东线江苏水源有限责任公司对分公司河道工程巡视、工程养护等作业行为进行定期评价。

（2）分公司对项目部的人员管理作业行为进行定期评价。

（3）项目部依据《南水北调江苏水源公司工程管理考核办法》及标准化体系文件,对人员管理作业行为进行自评,对规范实施中存在的问题进行整改。

（4）评价依据包括工程定期检查记录、巡查记录、工程养护记录、项目管理卡等,检查评价应有记录。

（5）评价方法包括抽查、考问、演练等,检查评价应有记录。

（6）对于人员管理作业工作的自评、考核每年不少于一次。

附录 A 河道巡视作业指导书

A.1 巡视前准备
A.1.1 人员要求

序号	内容	备注
1	人员精神状态正常,无妨碍工作的病症,不得酒后上岗,着装符合要求。	
2	具备必要的堤防技术知识、安全生产和抢险知识,掌握急救基本方法。	

A.1.2 危险点控制措施

序号	内容	控制措施
1	河道巡视时蛇虫叮咬、落水、高处跌落,堤顶道路巡查时遇交通事故。	严格按巡视路线检查,佩戴好个人防护用品。

A.1.3 巡视工器具

序 号	名称	数量	单位	备注
1	反光背心	1	件	
2	镰刀	1	把	
3	卷尺	1	卷	
4	手套	1	副	
5	手杖	1	只	
6	记录手册	1	本	
7	手电筒	1	只	
8	救生衣	1	件	
9	雨衣	1	件	雨天
10	雨靴	1	双	雨天

A.2 堤防巡视路线图

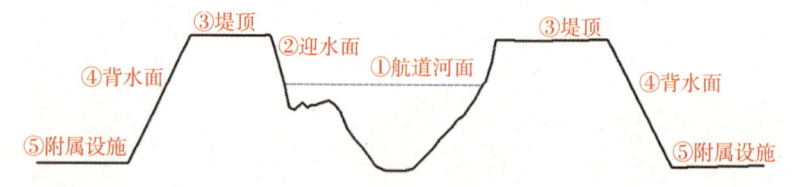

A.3 河道堤防巡视内容及标准

工程部位	检查项目	检查标准	图例
堤顶	堤顶	堤顶坚实平整,堤肩线顺直,无凹陷、裂缝、残缺,相邻堤段无错动。	
	堤顶道路	堤顶道路无破损,限高限载设施完好。	
	堤顶林木	堤顶道路两侧林木无明显病虫害,未影响人员车辆通行安全。	
迎水侧	堤岸防护	(1) 预制混凝土护坡:坡面平整完好,无松动、塌陷、脱落、架空、垫层淘刷等,护坡上无杂草、杂树和杂物等;坡面无侵蚀剥落、裂缝或破碎老化,排水孔顺畅。 (2) 模袋混凝土护坡:坡体完好,无侵蚀剥落、裂缝、破碎等。 (3) 浆砌块石直立墙:相邻墙体无错动,变形缝内填料无流失,坡面无侵蚀剥落、裂缝或破碎、老化,排水孔顺畅。 (4) 抛石护脚:护脚体表面无凹陷、塌陷,护脚无冲动。	
	河道	水质外观正常,无阻水障碍,无明显漂浮物、污染物。	
背水侧	堤坡	表面平整整洁,无垃圾杂物,无雨淋沟、裂缝、滑坡、洞穴,无害堤动物活动迹象。	
	堤脚	背水坡堤脚外无管涌、渗水。	
	防渗及排水设施	防渗及排水设施正常完好。	
	堤防管理及保护范围	堤防管理范围无违章侵占、违章种植、违章建设等与工程管理无关的行为; 堤防保护范围内无爆破、打井、取土、钻探、建房、挖塘、挖沟等行为。	
穿堤建筑物	穿堤建筑物	穿堤建筑物与堤防接合部位无渗水、裂缝、坍塌、不均匀沉降。	

续表

工程部位	检查项目	检查标准	图例
附属设施	安全防护设施	防护围栏无破损。	
	标识标牌	宣传及安全警示标牌标志清晰、无损坏丢失,涂层无脱落,埋设坚固。	
	界桩、界沟、百米桩	界桩、百米桩等正常完好,界沟清晰。	
	防汛物资	防汛物资摆放整齐、数量质量符合标准。	

附录 B 河道养护工作清单

序号	维护周期	维护内容	维护标准	维护工具或方法	注意事项
1	每日	打捞河面水草、杂物	河面无明显聚集水草、杂物(超过 2 m²),不影响泵站运行	打捞船、翻斗车	调水运行期
2		堤肩、护坡清杂除草	及时清除	人工、机械清除,打药清除	
3		水保养护	树木、草皮成活率达到规定要求,长势良好	洒水、施肥、除草、修剪、补植、防冻	
4	每月	堤坡养护	清理表面杂物;勾缝脱落部位重新勾缝	人工清理、勾缝	
5		堤顶道路清洁、保养	道路平整、无杂物垃圾、无明显裂缝、凹坑	洒水车	
6	每季	排水设施清淤疏通	无淤堵,排水畅通	人工清理	
7		界沟疏通	界沟明显	人工清理	
8	每年	河道断面观测	《堤防工程安全监测技术规程》(SL/T 794)、《南水北调东、中线一期工程运行安全监测技术要求(试行)》	RTK、观测船	
9		桩、牌、碑等出新	字体清晰,无明显污迹、锈蚀	人工清洁、出新	
10		防汛抢险机械试运行	安全完好,可随时投运	试运行	每年汛前

附录 C 河道堤防工程观测作业指导书

C.1 观测任务

C.1.1 河道堤防工程一般性观测项目包括过水断面观测、大断面和水下地形观测、断面桩顶高程考证等，观测成果包括河床断面桩顶高程考证表、河床断面观测成果表、河床断面冲淤量比较表、河床断面比较图、水下地形图等。

C.1.2 明确监测设施布设情况，对堤防已经布设的监测设施进行统计，并说明其完好情况，对暂不满足要求的提出增设的计划。

C.2 观测频次

根据《水利工程观测规程》(DB32/T 1713—2011)的要求，明确监测任务频次。

（1）过水断面观测频次：每年观测一次；

（2）大断面观测频次：每5年观测一次，地形发生显著变化后应及时观测；

（3）河道地形观测频次：每5年观测一次；

（4）断面桩桩顶高程考证频次：每5年考证一次，如发现断面桩缺损，应及时补设并进行观测。

C.3 观测准备

C.3.1 人员组织

观测人员至少4名，并经过设备使用培训后方可从事观测工作。成员组成包括：无人船及RTK操作人员3名，软件操作兼安全员1名。如遇工程现场情况较为复杂或采取不同观测方法的，可适当增配人员。

C.3.2 设备配置

智能无人测量船及RTK 1套(测深仪＋RTK或测深杆、测深锤)等。

C.3.3 资料准备

准备待测工程的平面布置图及相关数据、河道断面布置示意图、标准断面数据及横断面图等材料。

C.3.4 后勤保障

根据季节、天气等情况准备必要的防护用品、劳保用品，重点准备涉水作业救生用品，做好作业安全教育，准备好应急措施；作业人员应具备基本的水上自救能力并会游泳。

C.4 观测方法与要求

C.4.1 观测方法

（1）固定断面观测

① 固定断面桩顶高程，按四等以上水准精度接测。

② 起点距可采用过河索、经纬仪、全站仪、GPS全球定位系统(RTK)等观测。

③ 观测水深时应同时接测水面高程。

（2）河道地形观测

① 水下地形观测一般采用横断面法，断面线宜与水流方向垂直，特殊水域可视情况布设测线，原则上要能准确反映河床水下地形。

② 起点距、水深测量方法同固定断面观测方法。

C.4.2 观测要求

(1) 固定断面观测

① 断面施测方向：从左岸断面桩开始，由左向右顺序施测；若从右往左施测，应记录说明。

② 起点距从左岸断面桩起算，向右为正，向左为负。

③ 水面高程测定，泵站引河段应在每日工作开始、中间、结束时各接测水面高程一次，可利用水准仪、经纬仪或RTK直接测定，也可根据水位计、水尺间接测定，若水位变化超过0.1 m且呈非线性变化时，应增加接测次数。

④ 当上、下断面间水面落差小于0.2 m，可数个断面接测一处；水面落差大于0.2 m时，应逐个断面接测。

⑤ 水面宽在100 m以内的引河，点距5 m左右；水面宽100~300 m的引河，点距10 m左右；测量时若发现水深有突变，应缩短点距找出深坑、淤滩的边缘线及最高、最低点。

⑥ 使用测深杆应力求在垂直时读数，测深杆按0.1 m分划；使用测深锤，测深绳应选用伸缩性小、抗拉强度好的棉蜡绳，并进行缩水处理，其误差不得超过1‰；每次观测前应对测深绳刻度进行校验。

(2) 水下地形观测

① 水下地形测量的断面距及点距应符合表C.1规定。

表 C.1 水下地形测量断面距及点距

测图比例尺	断面间距(m)	测点间距(m)
1∶2 000	20~50	15~25
1∶1 000	15~25	12~15
1∶500	8~12	5~10

② 水下地形图基本等高距，应符合表C.2规定。

表 C.2 水下地形图基本等高距

测图比例尺	等高线间距(m)	备注
1∶2 000	0.5 或 1.0	
1∶1 000	0.5 或 1.0	
1∶500	0.25 或 0.5	

③ 河宽水深处用GPS全球定位系统配合测深仪观测水下地形，在测量船不能到达之处如浅滩等，则用测深杆或测深锤测水深。当配合使用以上两种方法时，应注意所测范围是否衔接，不可留有空白区。

④ 观测水下地形时应同时施测两岸水边线，并沿测深推进方向顺序或同时观测。

⑤ 接测水面高程必须现场推算，并与上下游水面高程对照比较，如发现不合理现象应及时查明原因处理。

C.5 资料整理和初步分析

C.5.1 资料整理

(1) 河道断面观测成果表；

（2）河道断面冲淤量比较表；

（3）河道断面比较图；

（4）河道固定断面桩顶高程考证表；

（5）水下地形图，每年绘制；

（6）其他资料，河道断面布置示意图、原始记录等。

C.5.2　初步分析

分析河道冲刷、淤积情况，包括冲淤总量、平均冲淤深度或厚度、冲淤最大位置，若发生冲刷，分析冲刷面积，判断河道的变化规律及工程运行对河道产生的影响，对工程安全状态进行评价，为工程管理及维修加固提供基本资料和初步意见。

C.6　注意事项

（1）现场测量时，采用水准仪、RTK等设备测定或读取水尺数值等方式获取水位数据，不可直接采用自动化监测数据，且需关注水位变化情况。

（2）岸上部分测量、水下部分测量需做好衔接，不得留有空白部分。

（3）无人船沿着左右岸断面桩连线行进，避免走弧线或S形线路。

（4）测量过程中需关注实时测量数据，与工程基本数据对比，如有异常情况现场及时组织复测。

（5）水面水流流速过大或水草杂物过多，建议择期测量或更改测量方式，避免无人船被水流冲走、被水草缠住等情况发生。